明式家具赏析

彭喆 著

中国美术学院出版社

彭 喆

中国美术学院副教授，中国美术学院工业设计专业学士、环境艺术专业硕士、中国古典哲学与艺术理论博士，德国斯图加特技术与艺术学院建筑学系高级访问学者。主要研究以人文为核心的生活美学设计，研究特长为中国古典家具活化设计、文创产品设计、设计伦理研究等，主张理论研究与艺术设计并重。本书相关研究成果：2019 年主持浙江省互联网+（线上线下混合）一流课程"明式家具赏析"和"明式家具保护与活化虚拟仿真实验教学项目"。近五年，在中文核心、SCI、EI 的刊物上发表关于" 中国传统家具活化理论"" 宋代家具" 等研究成果的学术论文10余篇。主持国家艺术基金创作项目 "宋韵茶家具"，同时参与多个国家级重大、省部级等课题。作品先后参加国内外优质展览并获奖，被多家专业机构收藏。

明式家具赏析

彭喆 著

中国美术学院出版社

彭 喆

中国美术学院副教授，中国美术学院工业设计专业学士、环境艺术专业硕士、中国古典哲学与艺术理论博士，德国斯图加特技术与艺术学院建筑学系高级访问学者。主要研究以人文为核心的生活美学设计，研究特长为中国古典家具活化设计、文创产品设计、设计伦理研究等，主张理论研究与艺术设计并重。本书相关研究成果：2019年主持浙江省互联网+（线上线下混合）一流课程"明式家具赏析"和"明式家具保护与活化虚拟仿真实验教学项目"。近五年，在中文核心、SCI、EI的刊物上发表关于"中国传统家具活化理论""宋代家具"等研究成果的学术论文10余篇。主持国家艺术基金创作项目"宋韵茶家具"，同时参与多个国家级重大、省部级等课题。作品先后参加国内外优质展览并获奖，被多家专业机构收藏。

马可乐

马可乐古典家具博物馆馆长

序 一

  我和彭君相识在三年前,他来天津武清探访我的博物馆及收藏。参观后我们又进行了详谈,我讲述了对中国传统家具的看法和理念,得到了他的认同。他告诉我,他正计划编写和拍摄一套浙江省院校使用的视频教材,并诚挚邀请我参与关于传统家具部分的编写。我感受到了这位素未谋面的年轻人的热忱,答应了下来。数天后,彭君带摄影师来对我进行了采访和录制,让我再次感受到彭君做事的激情和效率。虽然后面我们又见过一两面,但却没再谈教材的事。参与教材编写的几位专家都是业内非常认可的大家。这次彭君要我为教材写一篇序,既然彭君嘱我写几句,我也就不再推辞,再写几句赘言。

  近四十年来,随着王世襄先生关于明式家具的巨著问世,国内外都掀起了研究传统家具尤其是明式家具的热潮,其间也出版了不少关于家具的著作和文章,但是把这些资料整理成院校视频教材,是一次重要的尝试。视频教学更直接和生动,容易被没有接触过传统家具的人,尤其是青年学子所接受。这对于传统家具知识的传播和普及,无疑有很大的帮助。在当前网络传播如此发达的时代,视频教学对于传统文化的推广和美学教育的普及,更是开辟一条新路。

彭君以认真的精神高效地完成教材，令人钦佩。同彭君的接触中，我感到他思路清晰，逻辑严谨，做事认真。这本教材必将产生良好的影响，值得推荐和赞赏。

在传统家具研究领域，一直以来学界与业界互不交流，各唱各的调调，书本资料往往不能和实践经验相结合，这对研究家具并取得真知灼见是一种障碍。王世襄老先生曾经向老匠人请教，但未曾看见学界有其他人认真听取业界的声音。彭君身为中国美术学院副教授，能够到各地拜访业内专家，听取意见，加上他的独立研究，做出这样的著作，难能可贵，这是对传统家具研究和普及的新尝试。

周京南

北京故宫博物院宫廷部研究员

于五道营胡同道营居书房

序 二

在我国博大精深的文化艺术宝库里，传统家具占有着浓墨重彩的重要地位。中国古代家具，在漫长的历史发展长河中，以其优美的造型、精湛的做工、流畅的线条、合理的结构形成了自己独特的表现手法，在世界家具体系中占有着无法替代的一席之地。

我国的木器家具，历史悠久，传说上古之时，神农氏发明了床，有虞氏时出现了俎。然而，由于自然的原因，许多上古之时的家具未能保存下来。目前，原始社会的家具已不可考。商周时代，有铜禁及铜俎出土，稍晚还出现了曲几、屏风、衣架。迄今为止，较为完整的家具遗存属战国时代，河南信阳长台关楚墓曾出土经雕刻彩绘、以细竹竿缠丝加铜构件作栏的大床，江陵望山发现的透雕动物小座也异常精美。从两汉时代的画像石、墓葬随葬品以及文献记载中，我们大略可知当时家具有床、几、屏等。

汉魏以前，我国人民起居方式为席地而坐，所以家具一般都形体较矮，属于低型家具。自南北朝开始，随着佛教的传入、人们跪坐观念的淡薄、衣饰的变化及民族间的交流等多种因素的影响，出现了垂足坐，于是凳、靠背椅等高足家具随之产生。隋唐五代时期，垂足坐的休憩方式逐渐普及，但席地坐的习惯亦未绝迹，故而这时高、低型家具并存。宋代以后，高型家具及垂足坐才完全代替了席地坐的生活方式。高型家具经过宋、元两朝的普及发展，到明代中期，已取得了很高的艺术成就，使家具艺术进入成熟阶段，形成了被誉为具有高度艺术成就的"明式家具"。在海外，人们甚至把明式家具比喻为"东方艺术的一颗明珠"。

明式家具的主要特点是采用木架构造的形式，造型简洁、流畅，并强调家具形体的线条形象，在长期的形成、发展过程中，确立了以"线脚"为主要形式语言的造型手法，体现了明快、清雅的艺术风格。同时，明式家具不事雕琢，略施粉黛，装饰洗练，没有过多的繁纹冗饰，充分利用和展示优质硬木的质地、色泽和纹理的自然美，可谓"多一分则烦琐，少一分则寡味"，使家具显得格外隽永、古雅、纯朴、大方。明式家具的韵味和美学并没有因为岁月的流逝而过时，反而有一种隽永的时尚气息。明式家具所达到的艺术高度，至今仍然没有被超越。

明式家具是祖先留给我们的宝贵财富，为了能让这份珍贵的文化遗产在今天发扬光大，续写辉煌，中国美术学院开设了"明式家具赏析"这门课程。这门课程不同于以往那种老师在讲台上讲、学生在台下听的机械式的、填鸭式的教学模式，而是聘请了中国当代传统家具的学界翘楚，通过集合文本和网络视频等不同形式从各自的研究领域和角度对明式家具进行了鞭辟入里的分析讲解，并和学生开创了首个以"现代艺术设计的视角"来诠释传统家具的通识类赏析课。课程充分发挥了授课老师的专业特长，每章都有一位专家参与讨论，其中的真知灼见都被整理为知识点。这门课程通过这些众多的"点"来对明式家具的若干问题进行了探究，透过这一个个的"点"，以全新的角度解读了明式家具的历史文化和艺术价值，让学生们在轻松愉悦的学习过程中完成了明式家具之旅，这正是这门课程达到的效果。有感于此，本人欣然作序。让明式家具在我们这一代人手里弦歌不辍，薪火相传，一起向未来。

柯惕斯（Curtis Evarts）

—

原美国加州中国古典家具博物馆木器部主任
资深学者

—

蓝橡庄 / Blue Oaks Farm
2022 年春

序 三 / PREFACE III

　　明式家具是世界上伟大的家具制造传统之一。这也是一种始于远古的，融合了美感和功能的传统。到了宋代，已经发展出许多所谓的"明式"家具形式。数世纪下来，家具产生有连续性、创新性及仿古风的特性，其所使用的不同材质已形成了各自家具的时尚和风格。对于"明式"家具的学科近代教育中，明式家具的美学、结构、材料、地域风格和断代等主题，都能更好地增加我们的理解与欣赏。

　　Ming-style furniture is one of the great furniture making traditions of world. It is also a tradition that begins in ancient times, blending beauty and function. By the Song dynasty, many so-called "Ming-style" forms were already developed. Throughout the following centuries, there was continuity, innovation, and archaism. Fashions for different furniture making materials also arose. In furthering education on the subject, aesthetics, construction, materials, regional styles, and the subject of dating can be developed for better understanding of the subject.

　　美学可以被认为是"明式"家具最重要的方面，它充满了从优雅简约到强健威严到繁华装饰的审美特点。书法一直被认为是中国最重要的艺术形式，而与"明式"家具在匀称组成、线条的活力和统一的表现方面都有很重要的关联。无论是简单还是复杂的形式，这些特征在家具杰作中都是共享的。

Aesthetics can be considered the most important aspect of Ming-style furniture, which is imbued with characteristics ranging from elegant simplicity to robust majesty to richly decorated. Calligraphy has long been considered the most important Chinese art form. Its relationship to Ming-style furniture is also important in terms of well-proportioned compositions, vitality of line, and unified expression. Regardless of simple or complex forms, these characteristics are shared amongst masterpieces of furniture.

由于贯穿家具历史的连续性、创新性和仿古现象同时存在，家具的年代学也是一个需要进一步研究的课题，以促进对其更客观的认识。

Because of continuity, innovation and evolution, as well as archaism in the history of furniture, the dating of furniture is a subject that also requires further study and research to promote more objective understanding.

"明式"家具也并非一地出产。中国许多地区都生产优质家具，尽管风格特征可能因地区而异，但都同样值得研究。

Ming-style furniture was also not produced solely in one region. Many regions throughout China produced fine quality furniture. Although stylistic characteristics may vary from region to region, all are equally worthy of study.

关于中国家具种类、制造及其细木工系统，已有很多文献记载。尽管古代的各种家具形式可能不再适合现代生活方式,但提供结构整合的古典家具榫卯工艺系统不是简单地为了零件组装,而是能够创造出整合、统一的形式。这项学习与研究是必不可少的。

Much has been documented about Chinese furniture construction and form, as well as its joinery systems. Although the various furniture forms from antiquity may or may no longer be suitable to the modern life style, the joinery systems provided for structural integration, which were not simply for an assembly of individual parts, but enabled the creation of integrated, unified forms. This study is essential.

现代对"明式"家具的关注主要集中在黄花梨、紫檀、红木等硬木家具上。然而,传统"明式"家具是由多种材料制成的。明代生产的家具大多以漆面完成,核心结构因地制宜地使用当地的杂木。无论如何,这些形式仍然体现了由来已久的美学。的确,珍贵的材料有其魅力,由于全球变暖的效应,热带森林的系统性砍伐从根本上没有被正面引导,教育还应该解决有关热带硬木过度使用以满足中国"明式"家具市场需求的问题与责任。

Modern day Ming-style furniture studies have predominantly been focused on hardwood furniture produced from huanghuali, zitan and others. However, traditional Chinese furniture was produced from a broad range of materials. Most furniture produced during the Ming dynasty was finished with lacquered surfaces, and miscellaneous indigenous timbers were used for the core structures. Regardless, these forms all embodied long-standing aesthetics. Indeed, precious materials have their charm. But with the effects of global warming, which have not been helped at all by systematic deforestation of tropical forests, education should also address issues and responsibilities concerning the use of tropical hardwoods to satisfy the voracious Chinese market.

最后，"明式"家具的精髓在于其优雅的线条、和谐的比例和活泼的姿态。它的审美来自古老的过去，并在整个历史中得到了提炼。完全整合结构的施工技术也至关重要。并且，为了满足人类的必需，优美的形式已经从广泛的材料中创造出来。这是一个值得研究的领域，进一步深刻的研究肯定会产生更多的理论并取得成果。

Finally, the quintessential beauty of Ming-style furniture is in its elegant lines, harmonious proportions and animated stance. It draws from the ancient past, and has been refined throughout history. Construction techniques that fully integrate structures are also paramount. And beautiful forms have been created from wide ranging materials. It is a field worthy of study, and surely further research and study will yield yet greater understanding.

目录 / PREFACE

- I 序 一
- III 序 二
- V 序 三

- 1 导言

- 3 第一章　何为明式家具
  〈明式家具的定义〉〈明式家具的发展〉〈明式家具的范畴〉

- 15 第二章　明式家具的材质
  〈明式家具的材质〉〈黄花梨木的使用历史〉〈紫檀木的使用历史〉
  〈楠木的使用历史〉

- 65 第三章　明式家具的分类
  〈椅凳类〉〈桌案类〉〈床榻类〉〈柜架类〉〈其他类〉

- 157 第四章　明式家具的榫卯结构
  〈明式家具结构的演变〉
  〈明式家具的榫卯结构〉〈家具榫卯的常见形式〉

- 349 第五章　苏作明式家具的结体构造
  〈苏作家具简述〉〈苏作明式家具结体构造——刀牙桌〉
  〈苏作明式家具结体构造——南官帽扶手椅〉〈苏作家具榫卯结构的特征〉

- 383 第六章　明式家具中的俗语
  〈包镶和包皮〉〈明式三优〉〈梯子伥〉〈软硬之道〉〈壶门〉
  〈横拉杖〉〈大漆批灰、滚杠子〉〈立帮子母屉〉〈展腿〉〈喷面〉
  〈顶牙杖〉〈剑腿〉〈停留〉

- 406 后记

导言

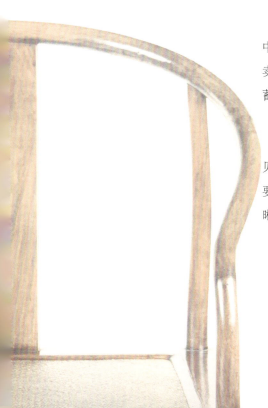

本教材为中国美术学院金课和浙江省一流课程"明式家具赏析"建设的对应教材，以新的形式，汇集文本和互联网视频，呈现蕴含其中的制作技艺、木华之美和人文内涵。课程定位于设计学和美学的通识课，针对高等院校的学生和传统木艺爱好者。该课程对明式家具设计、美学和文化内涵进行直观和全方位的介绍，从美学欣赏和设计思维的角度走近传统家具中的构造智慧和人文关系，开创了首个以"现代艺术设计的视角"来诠释传统家具的通识类赏析课。

课程邀请明式家具研究和收藏领域的专家学者共同讲授，他们中有故宫博物院研究员、制作技艺传承人、国内外权威收藏家、拍卖机构策划人等，力求在对明式家具的认识上能海纳百川、兼容并蓄，使得学习者能博采众长、转益多师。

教材分为六章，每章都有一位专家参与讨论，其中的真知灼见被整理为知识点，或以访谈呈现，或引用其重要的文章内容。重要的知识点配有相应的视频，能将抽象和难解释的信息传达得更清晰。第一章：何为明式家具（业界专家：马可乐）；第二章：明式家具的材质（业界专家：周京南）；第三章：明式家具的分类；第四章：明式家具的卯榫结构（业界专家：乔子龙）；第五章：苏作明式家具的结构体构造（业界专家：吴明忠、许建平、许家千）；第六章：明式家具中的俗语（业界专家：刘传生）。随着今后的教学实践的不断开展，内容还将继续扩充和补遗。

为规避传统注入式教授方式，本教材主张灵活生动、逻辑清晰、通俗易懂的学习体验。通过将移动互联网视听功能与文本阅读结合，突破教学设施的时空限制，学习者可以随时随地、更为主动地安排学习时间。教程发挥视频语境的优势，将博大分散的信息规划为系统和有序的知识点来引导学生的学习内容和步骤，并付之于感性的艺术语境中，让分散的阅读状态也能快速进入内容语境，保持学习节奏。通过授课专家实景的亲身讲述，让同学们在云端同样感受到以身相授的师道。本教材的这些新改变，力图使学生更有效地学会如何认识、判断、鉴赏明式家具的艺术和智慧价值，培养正确的传统木艺知识结构和审美技能。

第一章

何为明式家具

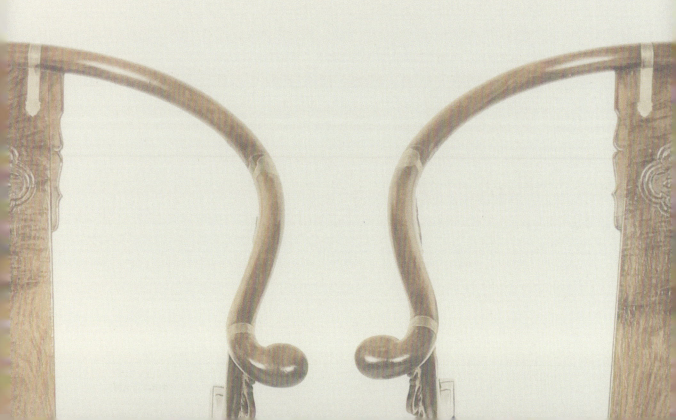

第一节　明式家具的定义

明式家具是我国古典家具发展史的巅峰期，享誉全球。明式家具延续发展至今，自成体系，能够以木制器，以器载道，由内而外散发出智慧的自信与光芒。从家具艺术的角度来看，它体现了实用价值和艺术价值的完美结合；从产品设计来看，它形成了一个完美的产品系统。

明式家具如何界定呢？在王世襄先生的《明式家具研究》一书中这样写道："'明式家具'一词，有广、狭二义。其广义不仅包括凡是制于明代的家具，也不论是一般杂木制的、民间日用的，还是贵重木材、精雕细刻的，皆可归入，就是近现代制品，只要具有明式风格，均称为明式家具。其狭义的则指中国明至清前期材美工良、造型优美的家具。这一时期，尤其是从明代嘉靖、万历到清代康熙、雍正（1522—1735）这二百年多年间的制品，不论从数量来看，还是从艺术价值来看，称之为传统家具的黄金时代是当之无愧的。"

此课程我们主要选择其中非常特殊的硬木类家具，俗称红木家具这个类型进行讲述，从明式家具概念中共有的美学价值、物质特性、工艺价值来学习了解明式家具。（图1）

课程视频观看地址

图1　黄花梨交椅局部

第二节　明式家具的发展

明式家具的发展与当时经济的发展是分不开的，自明朝嘉靖以后，商品经济有较大发展，并出现资本主义萌芽。这时期农业和手工业生产水平有所提高，工匠获得更多的自由，从业人数增加，商品大量增多，货币广泛流通，"海禁"开放后，对外贸易频繁，这些都促进商品经济的发展。这使大城市日益繁荣，市镇迅速兴起，尤以江南和南海地区最为显著。明清之际，这两个地区的部分城镇成为家具的重要产地。

在原材料资源方面，开放"海禁"，开辟了材料来源，扩大了出口贸易的需求直接促进了家具生产。当时的南洋各地盛产各种名贵木材，而在明清之际，有很大一部分硬木家具都是由进口木材制成。制成后的家具被大量出口海外，它和瓷器、漆器等一样，都成为当时畅销的外贸商品。

明式家具在外被世界各国接受购买，在国内，皇族权贵对硬木家具的喜爱使得社会人士对此也竞相追捧，所谓"上有所好，下必有甚者"。明式家具在上下阶层的追捧中，其数量、种类、工艺、设计、制作、销售，包括保养维护都得到了极大的发展，达到繁盛。

其中显著的为帝王爱好的宫屋器用。万历时内监刘若愚的《酌中志》开列御用监的职掌注明："凡御前所用屏、摆设、器具，皆取办。凡御前安设硬木床、桌、柜、阁及象牙、花梨、白檀、紫檀、乌木、鸂鶒木、双陆、棋子、骨牌、梳栊、螺钿、填漆、雕漆、盘匣、扇柄等件，皆造办之。"从记载的摆设种类，其中的丰富程度可见一斑。

明人何士晋汇辑的《工部厂库须知》卷九记载了万历十二年（1584年）宫中传造龙床等四十张的工料价格："御用监成造辅官龙床。查万历十二年七月二十六日，御前传出红壳面揭帖一本，传造龙凤拔步床、一字床、四柱帐架床、梳背坐床各十张，地平、御踏等俱全，合用物料，除会有鹰平木一千三百根外，其招买六项，计银三万一千九百二十六两，工匠银六百七十五两五钱。此系特旨传造，固难拘常例。然以四十张之床，费至三万余金。"由此可知当时对名木家具的推崇，无论是物质上还是精神上都可谓极致。《酌中志》中还有关于明熹宗（朱由校）的记载，称其性巧多艺能，善木工营造，"自操斧锯凿削，即巧工不能及也。又好油漆匠，凡手使器具，皆御用监，内官监办用"。皇帝将其从生活用品发展成兴趣爱好的追求，自上而下的喜爱，必然使其蔚然成风。

欲知当时宫廷以外的达官显贵的家具陈设，可以看一看《天水冰山录》，它是1565年严世蕃获罪后的一本抄家帐。其中记载有大理石及金漆等屏风389件，各样床657张，桌椅、橱柜、机凳、几架、脚凳等共7444件。严嵩父子一代贪官相权，其家业之规模无法想象，从记载的史料中可得见，当时家具数量种类繁多和发展的繁盛。

在民间家具成为文人雅士推崇的风尚生活中，一方面它是权贵的象征和玩物，另一方面也是功能作用俱全的用具。长洲文震亨《长物志》详细记述，增列了天然几、书桌、壁桌、方桌、台几、椅、机、凳、交床、厨等。大量的文人书籍和史料显示，自明代开始硬木家具的发展一直处于积极持续的状态，明晚期家具的使用和发展更为普及繁盛。这时期的文人范濂《云间据目抄》中的一条，提供了有关苏松地区晚明的家具情况。范濂生于嘉靖十九年，即1560年。按书中描述，那时书桌、禅椅等细木家具还很少见，多用银杏木金漆方桌。后叙说从莫廷韩和顾、宋两家公子开始，从苏州购买细木家具。此时的细木家具可以理解为木材材质致密，方桌以外的一些家具，其中可能也包括榉木家具，或称为柞榛木家具，当然更多为硬木家具，这里明显看出细木家具是从苏州购买。那时苏州成为细木家具发展的重点地区。到隆庆、万历后，连快甲之辈，都竞相使用细木家具。从中我们可以了解，此时在室内陈设方面追求舒适优雅已成为世间普遍风尚。

图2　马可乐（马可乐古典家具博物馆馆长，中国古典家具收藏家）

第三节　明式家具的范畴

中国传统家具收藏家访谈

问：如何认识王世襄先生明式家具的广狭二义？

答：王世襄先生对明式家具的概念定义上有广狭之分。狭义的主要指材美、工良，在明代晚期和清代前期生产的这类造型优美的家具。这个概念实际只是表达明式家具范畴的一部分，并不代表它是整个明朝所有的家具形式，也就是说明式家具也还有其他的内容和样式。（从我自身的收藏经验出发）比如说保留宋元时期一些风格观念的家具；还有一些产于明代，但是不同于狭义概念明式家具中的家具，如很多民间的杂木家具，漆木家具，它们也是明朝的家具。（图3）

图3　壸门边几　马可乐古典家具博物馆藏

从明式家具广义概念上理解，无论是明清时期制作的，还是我们现在制作的，重点是从它的款式、风格来界定，以品质和人文底蕴去衡量，所以明式家具的概念和范畴，我们要有个比较清晰的认知，才有利于我们后面的学习、理解、收藏。

实际上，目前对明式家具的区分是从材质上讲的，我们现在所谈的狭义的明式家具，其实主要是指硬木家具，包括紫檀、黄花梨、红木、鸡翅木等这类家具。这些只是整个明代家具和中国传统家具这个庞大体系里面的一个分支，是很重要和杰出的一部分，但从广义上它并不能囊括整个明式家具的范畴。

从明式家具这个概念来探究，在明早期还没有硬木家具这个提法，只是针对式样来讨论。对于一件家具来说，如果造型风格和制式一致，各种材质的家具都应该被列到明式样家具这个范围里。尤其是明代本朝的家具，它们中的很多虽然不是贵重木材做的，但是具备的审美、历史价值，还有文化价值一点也不逊于硬木家具。所以，我认为像这样的家具我们应该把它提到与硬木家具同等的关注地位，这也是我收藏一个最核心的想法。再则，我也希望把硬木家具、非硬木家具、早期的家具和其他式样的明代家具，都搁到我们传统家具这个体系中来。只有这样，我们在中国传统家具体系研究上，才是完整的。（图4）

问：目前黄花梨家具收藏与苏作家具关系如何？

答：实际上黄花梨家具也分地区的。除了苏州地区，我国南方，特别是海南、广西、福建也都有黄花梨的家具，但是它们跟现代认知意义上的苏作家具，在式样和风格上有所不同。虽然制作的木材也都是一样的，但是在收藏关注度上，大家更关注的是一种以苏作为主体的明式家具概念。

图4 壸门方桌 马可乐古典家具博物馆藏

问：明式家具和明代家具有什么关系？

答：我希望不要只局限于以材料看待这个概念下的家具，（相对于整个明代家具而言）其实传世的黄花梨家具中，绝大部分我认为是清代制作的，真正是明代制作的非常少。在我们所观察的这几个实例中，黄花梨家具多数是产于明中晚期，明代存储量比清代少很多。所以我们在讨论（明式）家具形制的时候，如果只关注木材的话，那么很可能就会把一大批在明代也非常优秀的、其他木材制作的家具忽略掉了。

在收藏的时候，你必须要将明代家具和明式家具严格地区分开，因为"明式家具"这个概念在年代方面是不确定的，只要它的款式是明式的，你即可以把它归入。但你不可以把它当成明代家具，在收藏领域最关键的一点就是时间的准确性。

如果收了一件明式家具，我只是觉得它像是明朝家具，但是它很可能不是产于明朝的。另外，就在明代家具里面，还有很大的一块，实际上是漆器家具和其他几十种木材的家具。在国内外的研究中，出现过很多种木材的明代家具，都是工匠们就地取材制成。对于这些家具的判定，只要它做工精良，款式优美，年代准确，那么它也就具备了研究和收藏的价值。（图5）

思考题

- 明式家具与中国古典家具之间的关系。
- 明代家具存在哪些类型？
- 观察我们身边哪些途径能接触到好的明式家具。
- 明式家具的主体材质有哪些？

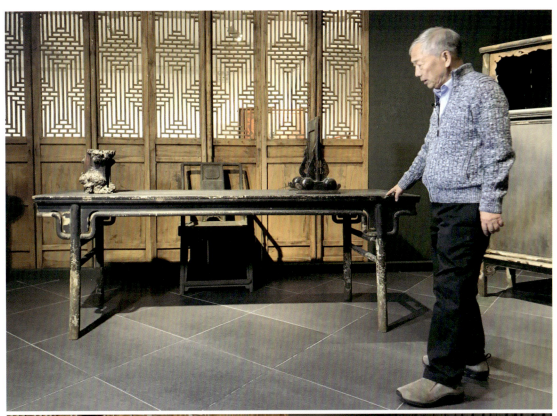

图5　明代书房　马可乐古典家具博物馆藏

第二章

明式家具的材质

第一节　明式家具的材质魅力

材质是中国古典家具非常重要的一个因素，于中国人具有特殊的意义和内涵。在中国历史文化长河中，对家具材质形成了怎样的认知和价值系统？这种认知和价值系统为什么会长期地积累并传承下去，且始终如一？带着这样的问题我们进入这一章的学习。

一、文学化的材料名称

对硬木的记载，明代曹昭著、王佐增编的《格古要论》中的《异木论》就列举了紫檀、乌木、骰柏楠、花梨木、铁梨木、香楠木等，《格古要论》是曹昭根据明初家藏和所见古物撰写而成。此书开创了古物赏鉴类著作的先河和体例，这些奇异木材被收录其中，可以说明当时对这些名木的认识和重视。中国古代对木的命名与西方不同，西方以科学名称命名和区分，每种木材会分乔木灌木，归类到每个科、属，都有自己的科学名称，如黄花梨属于豆科，黄檀属乔木，名为酱香黄檀，产于中国海南，生于中海拔有山坡的疏林、林缘中。而在中国，古代给珍奇异木取名的多为文人，文人对心仪木材的取名多为文学名，多以木材给人的视觉信息和感受为依据。

唐陈藏器在《本草拾遗》中说："花榈出安南及南海，用作床几，似紫檀而色赤，性坚好。"明初王佐增订《格古要论》记载："花梨出南番广东，紫红色，与降真香相似，亦有香，其花有鬼面者可爱，花粗而色淡者低。"清人程秉钊的《琼州杂事诗》里以七言诗的形式对海南岛的物产进行了概括，其中有一句诗特意提到了"花黎木"："花黎龙骨与香楠，良贾工操术四三。争似海中求饮木，茶禅如向赵州参。"诗下有注解却将花黎写成"花梨"。从这些文献中我们可以看到，"花梨、龙骨、香楠皆海南木之珍者"。

古代文人对珍奇异木的命名和描述中充满了想象和审美，黄花梨，鸡翅木、香楠木、乌木等，从名字中我们就能感觉到木材独有的纹理、色泽和气味，感受到天然的好感。

二、明式家具材质特性

无论东方还是西方的家具，材质都是一个非常重要的因素。在中国，人们尤其钟爱天然木质，中国古人在家具的选材上则更为考究。经过历史的大浪淘沙，我们最终在万千树种中挑选了"红木"这一特殊的材质，是有其特定的原因的。我们以古典家具的经典用材为对象，与其他类别材种进行比较，归结出红木材质的五大特点：

（一）质坚

坚硬、沉重、细密、耐腐是红木材质的天然特性，这样才能世代留存。中国人钟情红木这种坚硬的材质来做家具，这与明中期中国的冶炼技术独步全球有关。冶炼技术的发达与木工刨子的发明为古典家具的升级提供了物质基础，航海技术的发展加之明代开放海禁、郑和七下西洋，带动了中国与东南亚、古印度等国的贸易交往，大量的硬木来到了中国，这为古典红木家具的制造提供了良材和利器。更重要的是中国人骨子里的传世思想，硬木的优秀品质为中国古典家具的选材和生产提供了社会生活的基础。

在传统的认识中，中国人对颜色深和质量重的东西格外青睐。红木密度很大，硬度强，因此红木家具很沉，也被称为硬木家具。明清之际，在纤柔灵秀的江南水乡，苏式家具被浸润在这种氛围中，文人品味高雅，这样纤细迷人的用料，材质的品质是关键。在漫长的使用中，一件木制家具保持形体的稳固，又能留存至今，与材质的品质有直接关系。我们做了一些物理实验，将红木与目前常用的日用木材相比较，让大家对硬木和软木两类材料的性能有一个直观的了解。参看《明式家具赏析线上课程》视频内容：1. 材料的韧性来测试表面材料纤维组织的拉竭力；2. 材质的硬度来测试家具表面的抵抗力。

课程视频观看地址

（二）纹理

红木家具材质的纹理千变万化。到了明代，硬木家具取代髹漆家具成为宫廷的主流家具，"老红木"的天然纹理美更是得到了充分的展现，像黄花梨就有"鬼脸""狸斑"、山水纹、水波纹、虎皮纹、绸缎纹、芝麻纹、葡萄纹等。明代文人崇尚天趣，追崇至质至美，从而引导工匠以简洁明快、不饰雕琢的艺术手法加以表现，从而成就了明代光素家具以崇尚自然、天人合一的特色登上了世界家具文化的艺术巅峰。

（三）色彩

材色高贵艳丽。如黄花梨色彩丰富，由金黄、赭黄、褐赤到紫黑诸色。如紫檀的紫色，像征紫气东来，高贵雅致；鸡血紫檀鲜红艳丽；牛毛紫檀沉稳内敛；金星紫檀光华耀眼；大红酸枝的枣红色，喜庆华贵。这些充满艺术想象的天然色彩又与中国社会文化的美好期愿在生活中相互匹配和加持，逐步形成富有文化内涵的视觉共识。

（四）味道

有些红木能散发独特高雅的香气，如黄花梨的降香味、紫檀的蜜香味、红酸枝的酸香味，沁人心脾。因此用老红木制作的家具暗香浮动、馨香悠远。降香黄檀还是一味中药，有降血压、提神醒脑的功效。檀香紫檀自古就是名贵香料，古代的才子佳人用其制成香筒、香囊，带在身边或制成香料、香薰，在吟诗咏词或读书习字时焚上一炷香顿觉神清气爽、缥缈登仙。

海南黄花梨具有非常典型独特的气味，在《本草纲目》中对海南黄花梨有着如此记载：海南黄花梨有舒筋活血，降血压、降血脂的作用。用海南黄花梨木屑填充做成枕头更有舒筋活血之功效。

（五）性润

一是指油性好，材质坚而不腐，刚中有柔，紫檀、黄花梨材质的雕刻性能好，尤其是紫檀，被称为木中王者。正如马未都先生所说，"横"雕刻时即使将木纤维切断，雕件也不会断裂，这就为木雕艺人施展才华技艺提供了舞台。家具中利用紫檀和黄花梨雕刻人物、花鸟、珍禽异兽毫发毕现，妙不可言，正因为材质油润，雕刻的作品轮廓细节能保持数百年不变、不断裂、不朽不腐。二是指晶莹剔透、珠圆玉润。即用"老红木"制成的家具经过研磨、抛光处理后在光照的情况下能有若隐若现、半透明的荧光效应，美得莹润，并随人的视线的移动，光感也如影随形，变幻莫测。红木家具打磨后可不上漆，手感温润细腻，如玉质般光润透亮，把玩后很快形成包浆，更是滋润可爱，生气盎然。

了解以上的材质特征，我们慢慢理解中国古人对心中完美"家具材质"的一种选择标准和价值考量，这样的标准是在5000多年文明的历史长河中总结和发展而成，并且也落实到这些万里挑一的具体树种上，成为能够承载中国人家具智慧、技艺和时间考验的物华基础，完美成就了明式家具的辉煌。同时我们也清醒地知道，这是对材质完美价值的一种追求，而不是针对普遍标准的制定，中国文化对事物的基本价值判断是万物皆生而有用、有灵且美。

课程视频观看地址

第二节　黄花梨木的使用历史

在完美价值的追求中，在明清两代传世于今、经年历久的明式家具中，更是以其造型优美、材质优良的黄花梨而著称。可以说，明式黄花梨家具代表着我国古代光素类家具在审美和制作方面的最高水平。

在收藏领域，黄花梨是与明式家具关联最为紧密的一种木材，其完整的存世家具数量比较多，材质的特性被赋予了非常神秘的色彩和突出的人文内涵，但从设计学的角度，我们怎么认识它呢？以下就从名称的来由、材质的特性、采伐的历史、历代日常生活的使用情况出发来观察和认识黄花梨。

一、历史文献记载中的黄花梨

（一）我国古代文献记载中关于黄花梨木材及其产地记载

我们今天所说的"黄花梨"，从文献考证上来说，这种木材在历史上曾有过"花榈""花梨""花黎"等不同称呼，它的发掘和使用历史悠久。古代的许多文献资料对于这种木材的纹理特征及产地都有着明确的记载，根据史料，依其书名、木名及文献中所涉及的产地，编辑列表如下：

年代作者	引书	木材名称	产地
唐　陈藏器	《本草拾遗》	花榈	安南及海南
宋　赵汝适	《诸番志》	花黎木	海南
明　曹昭著、王佑	《格古要论》	花梨	南番广东
明　严以简	《殊域周咨录》	花梨木	占城
明　顾岕	《海槎余录》	花梨木	黎山
清　李调元	《南越笔记》	花梨木	崖州昌化陵水
		花梨木	占城
清　屈大均	《广东新语》	花榈	文昌陵水
清　程秉钊	《琼州杂事诗》	花黎	海南

注：引文原文可以参看周京南：《木海探微》，中国林业出版社，2017年。

有关记述这种木材的史料显示，产于我国广东南部海南岛地区的记载占了绝大多数，如"崖州昌化陵水""文昌陵水""黎山""海南"。只是在《本草拾遗》中提到"花榈出安南及海南"。《南越笔记》中记载了占城国主遣使来朝贡，"其物有……乌木、苏木、花梨木"；《殊域周咨录》里提到占城国特产时，有"檀香、柏木、烧碎香、花梨木"等。"安南"和"占城"位于今天的越南境内。资料显示，古代我国海南岛地区是黄花梨木的主要产地。

海南岛地区是我国黎族的聚集地，我国传统家具，特别是明及清前期的家具中多有以海南岛黎族地区的黄花梨木制成者。从明朝起至清前期，黎族世居的海南岛大山深处，黄花梨被大量开采，源源不断地输入内地，走进宫廷。

《大明神宗显皇帝实录》卷五百三十四记载，万历四十三年（1615年）七月两广总督张鸣冈题平黎善后事宜，提到了明代海南地方官吏对黎族人的横征暴敛，其中有"各官无艺之徵，曰丁鹿，曰霜降鹿，曰翠毛，曰沉速香，曰楠板，曰花黎木……，黎何堪此重困，是不可不竖牌禁者。"[1] 由上述引文可知，明代海南地方官吏向海南岛的黎族人征收各种土特产，其中一项便是向黎族人征敛产

1　《大明神宗显皇帝实录》卷五百三十四，中华书局，1986年。

于黎族地区的"花黎木"（黄花梨），记载显示，黎族人已不堪重负，这从侧面说明在明代官府对海南岛黄花梨木的征采和使用已超过负荷。

（二）黄花梨在明代民间及其宫廷的使用

明代末年，随着社会经济的发展，生产力水平的提高，以黄花梨打造的器物在一些富裕的民间之家也开始流行起来。

据《广志绎》卷之二："姑苏人聪慧好古，亦善仿古法为之，书画之临摹，鼎彝之冶淬，能令真赝不辨。又善操海内上下进退之权，苏人以为雅者，则四方随而雅之，俗者，则随而俗之，其赏识品第本精，故物莫能违。又如斋头清玩、几案、床榻，近皆以紫檀、花梨为尚，尚古朴不尚雕镂，即物有雕镂，亦皆商、周、秦、汉之式，海内僻远皆效尤之，此亦嘉、隆、万三朝为盛。"

在文人学者的书房雅斋之中，黄花梨家具也成了室内陈设的重要点缀。高濂《遵生八笺·起居安乐笺》一书上卷：

高子曰：书斋宜明净，不可太敞。明净可爽心神，宏敞则伤目力……冬置暖砚炉一，壁间挂古琴一，中置几一，如吴中云林几式佳。壁间悬画一。书室中画惟二品，山水为上，花木次之，禽鸟人物不与也。或奉名画山水云霞中神佛像亦可。名贤字幅，以诗句清雅者可共事。上奉乌思藏金佛一，或倭漆龛，或花梨木龛以居之。

《遵生八笺·起居安乐笺》下卷《晨昏怡养条序古名论·竹榻》：

以斑竹为之，三面有屏，无柱，置之高斋，可足午睡倦息。榻上宜置靠几，或布作扶手协坐靠墩。夏月上铺竹簟，冬用蒲席。榻前置一竹踏，以便上床安履。或以花梨、花楠、柏木、大理石镶，种种俱雅，在主人所好用之。

明代李清创作的一部史书《三垣笔记》里也记载崇祯年间，湖广巡抚王骥家中使用的家具器用，就有花梨古窑等名贵之物。"湖广巡按王中丞骥崇祯戊辰，丹徒人。家居京口，质库遍城内。……烹鱼时，必先置燕窝腹内方食。所用木器瓦器尽花梨古窑，其豪奢乃尔。"

从海南岛采伐来的黄花梨，成为明代宫廷家具制作的重要材料。如前文明代《酌中志》记载，明代专门为皇家打造皇室家具器用的御用监里，就有黄花梨家具。

对高端事物的追求是明代后期社会经济发展的重要表现之一，然而过犹不及，也是封建社会民间争奇斗富、浮华之风盛行的一个表现，黄花梨也被卷入其中。很快，以花梨家具器用为尚的争奢风气引起了"崇尚节俭"的明思宗崇祯帝的警觉。崇祯帝在位时，正是边患频发，大明江山风雨飘摇之际，崇祯帝特下谕旨杜绝铺张浪费，禁止民间使用紫檀、黄花梨器用，《崇祯长编》卷一记载，明崇祯帝于崇祯十六年癸未十月，谕礼部：

迩来兵革频仍，灾祲叠见，内外大小臣工士庶等，全无省惕，奢侈相高，僭越王章，暴殄天物，朕甚恶之！……内外文武诸臣，俱宜省约，专力办贼。如有仍前奢靡宴乐，淫比行私，又拜谒馈遗，官箴罔顾者，许缉事衙门参来逮治。其官绅擅用黄蓝修、绀盖，士子擅用红紫衣履，并青绢盖者，庶民男女僭用锦绣纻绮，及金玉珠翠衣饰者，俱以违制论。衣袖不许过一尺五寸，器具不许用螺紫檀花梨等物，及铸造金银杯盘。在外抚按提学官大张榜示，严加禁约，违者参处。娼优皂隶，加等究治。[2]

2　中国历史研究社编：《崇祯长编》卷一，上海书店，1982年。

由此说明黄花梨木器具在当时受到各阶层的使用和追捧，使用范围之大，以至于要动用皇帝的御旨来控制。

（三）清代史料中对海南黄花梨征采的记载

入清以后，清朝政府沿续了明朝对海南的统治，对海南岛的黄花梨木继续进行征收，康熙时期发生了到黎族地区征采"花梨"而扰民一事。乾隆以后，随着社会经济的发展，越来越多的外省人（客民）涌入海南岛，形成了自由贸易。清代以降，随着社会经济的发展，各民族之间的交流日益频繁，大量的客民进入了海南岛黎族传统居住地，许多商人与黎族人进行木材香料的交易。这项政策有助于黎族地区的土特产品（也应包括黄花梨等珍贵名木）通过商品流通的方式走出黎山，甚至流向全国各地。清朝政府年年都要出资，向黎族人购买"花梨"，由黎族地方出人出力，将大量的黄花梨运抵官府，作为贡品入贡朝廷。

（四）清代宫廷对黄花梨的使用

清代宫廷对产于海南岛地区的黄花梨毫无节制的征采，可以从清宫内务府养心殿造办处行取清册的记载中管窥，养心殿造办处为内务府下属机构，掌制造、存储宫中器用各物，清初设于养心殿，故名。造办处行取清册是一份制作家具器用的各类材料使用数量的档案记录，包括每年购进宫中的木材具体数量、使用数量、存余数量等详细的信息，其中也包含了详尽的黄花梨木在宫中的使用数据。故宫博物院研究员周京南先生将乾隆三十二年（1767年）以前部分年份清宫造办处行取清册的黄花梨使用的数据做了简要统计，列表如下：

乾隆年份	旧存	新进	实用	下存
乾隆元年	3034斤8两1钱	6314斤	1415斤10两6钱	7932斤13两5钱
乾隆二年	7932斤13两5钱	2867斤	1705斤13两	
乾隆四年	4514斤1两5钱	2000斤	1237斤1两9钱	
乾隆六年	48020斤11两6钱	15000斤	13951斤7两2钱	5131斤4两4钱
乾隆八年	3026斤2两5钱	5700斤	5757斤14两2钱	288斤10两9钱
乾隆十年	288斤10两9钱	11434斤	15971斤1两	10125斤两9钱
乾隆十一年	10125斤9两9钱		4033斤11两9钱4分	6091斤13两9钱6分
乾隆十二年	6091斤13两9钱6分	3640斤	8977斤12两7钱3分	754斤1两2钱3分
乾隆十三年	754斤1两2钱3分	2000斤	2732斤2两3钱	21斤14两九钱3分
乾隆十四年	21斤14两九钱3分	6096斤7两3钱	1291斤8两4钱	4826斤13两8钱3分
乾隆十五年	4826斤13两8钱3分		1489斤12两	3337斤1两8钱2分
乾隆十六年	3337斤1两8钱2分	2100斤	533斤7两	4903斤10两8钱3分
乾隆十七年	4903斤10两8钱3分	2380斤	411斤8两	6872斤2两8钱3分
乾隆十八年	6872斤2两8钱3分		363斤13两	6508斤5两8钱3分
乾隆十九年	6508斤5两8钱3分		4891斤10两	1616斤11两8钱3分
乾隆二十年	1616斤11两8钱3分	99斤5两6钱7分	54斤10两	1661斤7两5钱
乾隆二十四年	501斤6两4钱3分		86斤15两7钱	414斤6两7钱3分
乾隆二十五年	414斤6两7钱3分	2000斤	979斤8两	1436斤14两7钱3分
乾隆二十六年	1436斤14两7钱3分	6500斤	984斤7两	6952斤7两7钱3分
乾隆二十九年	3366斤7钱3分		3154斤11两	211斤5两7钱3分
乾隆三十年 活计档30	211斤5两7钱3分	500斤	382斤15两	328斤6两7钱3分
乾隆三十二年	881斤10两8钱	5000斤	5272斤7两	609斤3两8钱

注：引文原文可以参看周京南：《木海探微》，中国林业出版社，2017年3月。

以上记载可以看出清代宫廷黄花梨的使用数目较大，每年都要购进黄花梨木材，为清代宫廷打造家具器用，需求量非常惊人。乾隆二十九年（1764年）这一年，因为没有新进的黄花梨木，清宫造办处剩下的黄花梨木只余存二百一十一斤五两七钱三分。

在当时的条件下采买花梨木原材料的费用和制作花梨器用的成本都较高，以乾隆十年五月的内务府档案为例，仅在乾隆十年五月，内务府造办处采买花梨七千余斤，这七千余斤花梨到底用去了多少银两，据内务府记事录记载，再按照清代货币单位，银一两等于银十钱计算，采买花梨原材料共用去白银七百一十多两。

除了材料费以外，制作花梨器用的人工成本也不低，乾隆六年"发用银档"记载，该年十一月十六日：

木作为做花梨木架座等七十四件，外雇木匠等做过二百八十七工，每工银一钱五分四厘，领用银四十四两一钱九分八厘。[3]

> [3] 中国第一历史档案馆、香港中文大学文物馆合编：《清宫内务府造办处档案总汇》第十册《乾隆六年发用银档》，北京出版社，2005年。

为了制作七十四件花梨架座，就要从外面专门雇请木匠，人工费用总计白银四十四两之多。可见其价值。

另一方面得益于从海南岛采办过来的大量黄花梨，清代宫中的匠师能操鬼斧神工之技，生产制作了大量的家具。在清宫造办处档案中，有关黄花梨家具的记载比比皆是。从档案记载来看，清宫造办处为帝王之家生产制作黄花梨家具所涵盖的范围很广，举凡宝座、香几、橱柜、插屏、高桌、炉盖，各式文玩的底座、板凳等无所不包。

这些黄花梨家具大部分陈设在清代宫殿各处，除此之外，在各地的皇家行宫苑囿中，也多陈设有花梨器用及家具。在清高宗弘历南巡的江浙等地行宫里，就陈设有花梨屏风架座，这些花梨屏风架座，均由江南地区的巧匠制作，工艺精湛。

黄花梨家具在清代帝王的丧礼仪式上，也是重要的陈设家具，清代帝王去世后，都要举行隆重的丧葬仪式，称为国葬，在丧礼的祭典上，都要陈设有花梨宝座和香几，据《钦定大清会典事例》卷一千一百八十九"内务府·丧礼"记载：

列圣、列后大事仪：列圣梓宫以楠木为之。漆四十九次。浑饰以金。宝床以杉木为之。……几筵设花梨木宝榻。黄糚龙缎套。上设黄缎绣龙褥。宝榻前设花梨木供案。白绫案衣。上设银香鼎。烛台花瓶前、设花梨木香几一。黄龙缎几衣。设银博山炉、香盒、匕、箸、瓶、左右设花梨木几二。设银烛檠羊角镫。又左右设把莲花瓶几二。制如前。设簪金把莲瓶各一。次设册宝几各一。备陈册宝。

清代帝王的丧礼礼仪隆重，在皇帝停放楠木棺椁的祭典上，花梨宝座和香几是重要的陈设家具。

（五）清代黄花梨木在民间的使用

乾隆初年，清王朝经过了顺治、康熙、雍正三朝的开拓经略，到清高宗弘历继位时，社会稳定、经济发达，乾隆即位的元年，即命吏部尚书兼工部尚书迈柱等编纂《九卿议定物料价值》一书，对当时全国民间各种货物的价格进行了详细的定价，其中该书"器皿"一节里，对家具的定价极其详致：

金漆高桌长二尺八寸，宽二尺，每张旧例银九钱，今核定银八钱。金漆条桌长五尺宽二尺，每张旧例银壹两六钱，今核定银一两四钱。黑漆抽屉琴桌长五尺，每张旧例银一两一钱，今核定银八钱。花梨桌长二尺七寸五分，宽一尺七寸五分，每张旧例银九两，今核定银五两。白木高桌长二尺五寸宽二尺每张今核定银五钱。榆木矮桌长三尺宽二尺二寸高一尺，每张今核定银一两四钱四分。红油矮桌长二尺、宽一尺四寸、高八寸，每张今核定银一两四钱四分。……

上述内容可以显示，当时在民间市场流通有各种材质的家具，该节里面涉及了白木、榆木、金漆、红油、花梨桌类家具等，在差不多同等规格尺寸的桌类家具中，花梨木的家具价格最高，每张定价银五两，比白木、金漆、榆木、红油、黑漆家具的价值要高出数倍，足见黄花梨家具在当时民间的珍贵。

黄花梨家具在清代民间的大量盛行，也可以从清代的白话小说里得到反映，这说明明代黄花梨家具的使用极其广泛。清代白话小说多是当时社会人文生活的真实写照，小说里面的人物虽然托言虚构，但是其题材来源于真实的生活。对室内家具的描写则是了解当时社会经济、风俗习惯的大亮点。

我国古典文学名著《红楼梦》是清代乾隆年间文坛巨匠曹雪芹的不朽之作，其中有关工艺美术品的描述同样占有很大的篇幅。据不完全统计，全书有300多处涉及工艺品，出现工艺品数量多达15000余件，420多个品种，洋洋大观，令人目不暇接。家具的描述在书中也占有很大的篇幅，许多章节对家具做了细致入微的描写，为我们了解清代的家具功能形态做了具体的诠释。

《红楼梦》第四十回"史太君两宴大观园，金鸳鸯三宣牙牌令"里谈到探春房中："凤姐儿等来至探春房中，只见他娘儿们正说笑。探春素喜阔朗，这三间屋子并不曾隔断。当地放着一张花梨大理石大案，案上累着各种名人法帖，并数十方宝砚，各色笔筒，笔海内插的笔如树林一般。那一边设着斗大的一个汝窑花囊，插着满满的一囊水晶球儿的白菊。"

《红楼梦》第八十一回"占旺相四美钓游鱼，奉严词两番入家塾"写到宝玉到家塾来读书："看见宝玉在西南角靠窗户摆着一张花梨小桌，右边堆下两套旧书，薄薄儿的一本文章，叫焙茗将纸墨笔砚都搁在抽屉里藏着。"

乾隆年间的《儒林外史》是由清代讽刺小说家吴敬梓创作的章回体长篇小说，该书虽然假托明代，但是却如实反映了康乾时期科举制度下读书人的功名和生活，其中富庶人家里面的家居陈设也是描写得淋漓尽致，该书第二十二回"认祖孙玉圃联宗，爱交游雪斋留客"描写扬州城里一个富户人家的厅堂"慎思堂"陈设：

书案上摆着一大块不曾琢过的璞，十二张花梨椅子，左边放着六尺高的一座穿衣镜。

成书于光绪年间的《海上尘天影》，是一部描写清代末年上海滩各色人等沪上生活的言情小说，作者邹弢。该书第二十四回：

"咄咄逼人冯姑献技，空空说法谢女谈元"里不惜笔墨，用大量篇幅细致入微地描述了一位仕女的闺房陈设：……床前靠壁一只花梨雕花大理石面桌，一张锦缎桌套，上放一架牙嵌紫檀梳妆百宝匣……床门前靠窗放一只雕楠嵌牙方脚大八仙桌，一条鼻烟元缎边宫锦桌套，放着一个保险大洋灯。两只紫檀花架，上放着两个白玉盆，种着一红一绿两盆老梅椿。靠西壁两具红木嵌玻璃衣橱，橱旁架上四只金漆大皮箱，旁边一只杨妃榻，百花绣枕，灰鼠垫褥，当中一只花梨百灵小圆桌，桌上银红镶锦缎桌套，四围均有四只楠木小杌，锦缎杌套。圆桌上一只古铜盆，两只古铜鼎，均是紫檀雕座。北首靠壁一张紫檀雕栏千年长寿八宝横陈榻，紫檀雕花几，为缎子白绫边几套，放着一架报刻美人手打自鸣钟，花梨木架上一只柴窑苔青长方盆，着双台水仙花。下边两个红木脚踏，居中两只五彩洋磁吐壶。壁上一架紫檀嵌黄杨五尺高的大着衣镜，旁边一副磁绿金字对，上款是韵兰大姊命书，对句是：五色云舒辞烂漫，九华春殿语从容。

从上述引文可以看出，一间小小的闺房里就陈设有多件花梨家具，有花梨雕画大理石面桌、花梨百灵小圆桌、花梨木架等，在这些花梨家具上多摆放有金石文玩。如花梨雕画大理石桌上陈设有嵌象牙的紫檀梳妆百宝匣、白玉美人、翠玉缸等。花梨百灵小圆桌上摆放有古铜盆、古铜鼎等陈设品，花梨木架上则安放有一只柴窑长方盆。可见当时黄花梨家具使用广泛，并受到女性的青睐，在精致生活中被极大地设计应用，全方位覆盖宫廷、王府、民间的日常生活。

二、黄花梨的药用价值

我国海南岛所产的海南黄花梨，在今天的植物学中其专用名称为"降香黄檀"。在植物分类学上属于豆科（Leguminosae）、黄檀属（Dalbergia）[4]

黄花梨清晰的记录最早还是出现在医学书籍中，这也说明了其医用价值被人们较早地认识和使用。

"榈木"是古人对黄花梨的常用称呼，古代医书中对于"榈木"（黄花梨）的药用功能多有论述。李时珍的《本草纲目》卷三十五里专门谈到"榈木"：

榈木拾遗［集解］藏器曰："出安南及南海。用作床几，似紫檀而色赤，性坚好。" 时珍曰："木性坚，紫红色。亦有花纹者，谓之花榈木，可作器皿、扇骨诸物。俗作花梨，误矣。" 气味：辛，温，无毒。主治：产后恶露冲心，症瘕结气，赤白漏下，并锉煎服。李珣破血块，冷嗽，煮汁热服。为枕令人头痛，性热故也。[5]

《本草纲目》第三卷："榈木……并破瘀恶血。"另据明代所编大型医书《普济方》记载，"榈木"治疗妇科疾病有一定疗效，该书卷三百三十"妇人诸疾门·崩中漏下"谈到榈木："治赤白漏下，以榈木锉水煎服。"

中医药典中，有一味名贵中药"降香"就是出自黄花梨的干燥心材。对于"降香"的来源和药理这样表述的：

本品为豆科（Fabaceae）植物降香檀（Dalbergia odrifera T.Chen）树干和根的干燥心材，本种原产中国海南省，主产于中国。降香主要含挥发油和黄酮类成分。药理研究表明，降香具有抗氧化、保护心血管、抗肿瘤、抗炎、抗过敏、镇静、抗血小板聚集等作用。中

---

4. 周默：《木鉴——中国古典家具用材鉴赏》，山西古籍出版社，2006年5月。拉丁名称为：Dalbergia odrifera T. Chen。

5. ［明］李时珍：《本草纲目·卷三十五·木部》，中华书局，2011年。"治冷嗽，以榈木煮汁热服。"

医认为本品有化瘀止血、理气止痛的功效。⁶

自1977年起历版中国药典收载的中药降香其基原均为豆科植物降香黄檀的心材。"降香黄檀（Dalbergia odrifera T. Chen）以树干、根的干燥心材入药，具行气活血、止痢、止血功效，为国家药典收载的名贵药材之一，现代研究发现降香黄檀有抗氧化、抑制中枢等作用。降香黄檀心材极耐腐，切面光，且香气经久不灭。野生降香黄檀主要分布于我国海南省的中部和南部，一般成片生长，形成以降香黄檀为上层树种的种植群落类型。降香具有极高药用价值。"⁷

另外，在《颜正华中药学讲稿》里对于出自黄花梨的"降香"这味药的表述是：

（降香）来源：为豆科常绿小乔木降香檀（Dalbergia odrifera T. Chen）的茎干心材。全年可采，削去外皮，锯成短段，劈成小块，阴干。性能概要：味辛，性温。归肝、脾经。本品辛温芳香，其性主降，既能入气分以降气辟秽化浊，又能入血分能散瘀止血定痛。故可用治秽浊内阻，恶心呕吐腹痛；气滞血瘀所致的胸胁疼痛及瘀血痹阻心脉的胸痹刺痛；还可用治跌打损伤，外伤出血等症。⁸

1994年，《中国民族民间医药杂志》曾发表《海南民间常用格木药整理研究》一文，此文专门谈到了海南民间以格木入药的记载。格木，海南民间称"格"，亦即茎木中具带有某种颜色质地较硬的心材部分。以格木入药的称"格木药"。格木药在海南民间使用治疗常见疾病已形成特色，而格木药又分为花梨格、桑格、牛头次格、熊胆树格、黄疸树格等。⁹ 其中的花梨格就是海南黄花梨——降香黄檀的心材。"花梨格花梨格亦为降香格、降香木。为豆科植物降香檀Dalbegria oerifra T. Chen的心材。本品盛产海南，为海南岛特产。海南人最早使用花梨格入药，用其带有棕红色的茎木心材加水研磨用以治疗各类疼痛，亦可用其粉末外敷，止痛止血。"该篇文章认为：

---

6. 缪剑华、彭勇：《南药与大南药》，《降香》，中国医药科技出版社，2014年。

7. 杨新全：《中国特有濒危药用植物降香黄檀遗传多样性研究》，《世界科学技术：中医学现代化》2007年第9卷第2期。

8. 颜正华：《颜正华中药学讲稿》"降香"，人民卫生出版社，2009年，第432页。

9. 郑才成：《海南民间常用格木药整理研究》，《中国民族民间医药杂志》，1994年。

"用花梨木制成的各种家具床桌，可以祛邪除疾，达到医疗保健作用，深受民众欢迎。'降香'一药已收入历版中国药典。"[10]

从海南岛"降香黄檀"提取出来的"降香"这味中药，经过现代实验室的药学实验，发现其有许多重要的药用成分。"中医认为其具有行气止痛、活血之血之功，用于心胸闷痛、脘胁刺痛等病症，外治跌打出血，是临床常用制剂如冠心丹参片、乳结消散片、复方降香胶囊等中成药的主要原料。"[11]

有一味重要的中药降香油就是从降香黄檀。"降香黄檀（Dalbergia odrifera T. Chen）的树干和根的干燥心材经水蒸气蒸馏提取的挥发油。"[12]

降香油是治疗心血管疾病的重要药物，用其为主药制成的中药冠心丹参胶囊对于心脏病有着显著的疗效。

降香油是冠心丹参胶囊的主要原料之一。冠心丹参胶囊具有活血化瘀、理气止痛的功效，用于气滞血瘀所致的胸痹、胸闷刺痛、心悸气短及冠心病、心绞痛见上述症候者。其降香油则具有活血化瘀、止痛的作用。[13]

如上所述，降香黄檀因其内部的化学成分较多，对很多疾病都有特殊的疗效，从中医角度来讲具有行气止痛、活血化淤的作用，"民间还认为降香黄檀具有降压的作用，而西医现代药理学实验证明其具有治疗心血管病、抗氧化作用，能抑制肿瘤细胞的增殖、抗炎消炎、镇静安神等，是一味广普治疗药物。"[14]

三、"黄花梨"之名的出处

现在我们称为"黄花梨"的木材在历史上曾有过"花榈""花梨""花黎"等不同称呼，但是今天的黄花梨称谓何时流行起来的

10. 郑才成：《海南民间常用格木药整理研究》，《中国民族民间医药杂志》1994年。

11. 周京南：《木海探微》，中国林业出版社，2017年。

12. 《广东省中药材标准》第二册，《降香油》，广东科技出版社，2011年，第402页。

13. 《广东省中药材标准》第二册，《降香油》，广东科技出版社，2011年，第402页。

14. 周京南：《木海探微》，中国林业出版社，2017年。

呢？一直以来，对于黄花梨这个字眼的由来，有许多不同的说法：有人认为是由于清末大量使用新的低档花梨，才在花梨之前加了一个"黄"字；也有人认为是20世纪初，由著名学者梁思成等组建的中国营造学社为了在明式家具研究中将新老花梨区别，将明式家具中的老花梨之前加上"黄"字。但"黄花梨"之名究竟何时才出现的，古典家具研究专家未能在历史资料中找到明确的记载而莫衷一是。

而依据可查到的史料，黄花梨之名从清末光绪年间的文献中就已出现。在《大清德宗同天崇运大中至正经文纬武仁孝睿智端俭宽勤景皇帝实录》（以下简称《大清德宗皇帝实录》）中，发现了这样一则史料，《大清德宗皇帝实录》卷四百六记载，光绪二十三年（1897年）六月，庆亲王奕劻在为慈禧皇太后修建陵寝时上奏折：

己卯，庆亲王奕劻等奏，菩陀峪万年吉地，大殿木植，除上下檐斗科，仍照原估，谨用南柏木外，其余拟改用黄花梨木，以归一律。

奕劻上奏折一个月后，得到了光绪帝的回复，"（光绪二十三年秋七月）癸丑。谕军机大臣等，朕钦奉慈禧端佑康颐昭豫庄诚寿恭钦献崇熙皇太后懿旨，东西配殿，照大殿用黄花梨木色，罩笼罩漆，余依议。"（见《大清德宗皇帝实录》卷四百七十），光绪帝的这份上谕，亦被收录到《光绪宣统两朝上谕档》里，《光绪宣统两朝上谕档》第二十三册里记载："光绪二十三年七月二十六日，军机大臣面奉谕旨，朕钦奉慈禧端佑康颐昭豫庄诚寿恭钦献崇熙皇太后懿旨，东西配殿照大殿用黄花梨木色罩笼罩漆，余依议。钦此。""交工程处，本日军机大臣面奉谕旨，朕钦奉慈禧端佑康颐昭豫庄诚寿恭钦献崇熙皇太后懿旨，东西配殿照大殿用黄花梨木色罩笼罩漆，余依议，相应传知王大臣钦遵办理可也。"

另据《大清德宗皇帝实录》卷四百三十记载，光绪二十四年（1898年）九月：

庆亲王奕劻等奏，吉地宝龛木植漆色，请旨，遵行得旨、著改用黄花梨木，本色罩漆。

从上述记载可知，清末光绪年间，庆亲王奕劻在河北遵化菩陀峪为慈禧修建陵寝时（图1），提议其陵寝内大殿的建筑材料使用黄花梨木：

大殿木植，除上下檐斗科，仍照原估，谨用南柏木外，其余拟改用黄花梨木，以归一律。

据曾任清东陵文物管理处研究室主任的徐广源先生证实，清菩陀峪定东陵慈禧陵内的大殿使用了黄花梨木作材料。[15]

如上所述，史料里正式出现黄花梨的记载应是在光绪年间，《大清德宗实录》卷四百六记载庆亲王奕劻上折内。奕劻上这份奏折的时间是光绪二十三年六月，也就是公元1897年，这是笔者目前所看到的关于黄花梨木在历史文献上出现的最早、最明确的记载。

15. 徐广源《清朝皇陵探奇》一书，该书详细记载了慈禧陵的修建及重修经过。其中也说明《大清德宗皇帝实录》里所看到的慈禧陵大殿采用黄花梨木的文献记载是相符的。

图1　慈禧菩陀峪定东陵隆恩殿外景

第三节 紫檀木的使用历史

木中极品"紫檀木"。紫檀木名为檀香紫檀,因其生长缓慢,非数百年不能成材,成材大料极难得到,且木质坚硬、致密,适宜雕刻各种精美的花纹。紫檀木的纹理纤细,变化无穷,尤其是它的色调深沉,显得稳重大方,故被国人视为木中极品,有"一寸紫檀一寸金"的说法。檀香紫檀产于亚洲热带地区,如印度、越南、泰国、缅甸及南洋群岛。历史记载在我国云南、广东、广西等地亦曾有少量出产。据说最好的紫檀是产于印度半岛南端的迈索尔邦的檀香紫檀,俗称小叶紫檀。小叶紫檀目前存世量很少,是极为名贵的木材。

据西北农林科技大学出版的《家具用木材》一书转引《红木》标准的规定,紫檀木类适用的树种只有一种,即檀香紫檀:"红木共分八类……其中紫檀木类的适用树种仅一种,为'檀香紫檀'(Pterocarpus santalinus),产地:南亚一带的印度南部。"[16] 又据故宫博物院研究员胡德生先生讲:"属于紫檀属的木材种类繁多,但在植物学界中公认的紫檀只有一种檀香紫檀,俗称小叶檀,真正的产地为印度南部,主要在迈索尔邦"。[17]

16. 赵丽主:《家具用木材》,西北农林科技大学出版社,2003年。

17. 胡德生:《中国家具真伪识别》,辽宁人民出版社,2004年。

第二章　明式家具的材质

紫檀为常绿亚乔木，高五、六丈，叶为复叶、花蝶形，果实有翼，木质甚坚，色赤，入水即沉。边材窄、白色；心材鲜红或橘红色，久露空气后变紫红褐色；材色较均匀，常见紫褐色条纹。生长轮不明显。有光泽，具特殊香气，纹理交错，结构致密，耐腐、耐久性强。材质硬重、细腻。

《博物要览》和《诸番志》把紫檀划归檀香类。认为紫檀是檀香的一种，《博物要览》载：

檀香有数种，有黄白紫色之奇。今人盛用之。江淮河朔所生檀木即其类，但不香耳。又说："檀香出广东、云南及占城、真腊、爪哇、渤泥、暹罗、三佛齐、回回诸国。今岭南等处亦皆有之。树叶皆似荔枝，皮青色而滑泽。""檀香皮质而色黄者为黄檀，皮洁而色白者为白檀，皮紫者为紫檀木，并坚重清香，而白檀尤良。"

《诸番志》卷下：

其树如中国之荔枝，其叶亦然，紫者谓之紫檀。

一、历史悠久的紫檀木

紫檀这种良材，很早就为国人所认识。我国古代最早关于"檀"的记载，始见于《诗经·伐檀》："坎坎伐檀兮，置之河之干兮。"一句熟悉的诗句似乎诉说早在春秋战国以前，人们就已认识并利用了"檀"木。但诗句中所指的"檀"，古代本有"善木"的意思，其涵盖的木材范围显然要比现在大许多。目前所知，我国古代最早关于"紫檀"的明确记载，始于东汉末期。晋代崔豹《古今注》注："紫楠木，出扶南，色紫，亦谓之紫檀。"

明人曹昭在《新增格古要论》中记述紫檀这种木材：

18. [明]曹昭：《新增格古要论》（下）卷之八《异木论》，中国书店，1987年。

紫檀木出交趾、广西、湖广，性坚好，新者色红，旧者色紫，有蟹爪纹，新者以水湿浸之，色能染物，作冠子最妙。[18]

"紫檀"名称虽然早就见诸晋代文献，而有关以紫檀木打造器物的记载却是始于隋唐时代，《客座赘语》卷三记载，隋朝初年，隋炀帝为晋王时，曾赐予一位高僧衣物等物品，其中就有一架紫檀巾箱。在唐代尤以乐器琵琶著称，《全唐诗》卷四孟浩然《凉州词》诗云：

混成紫檀金屑文，作得琵琶声入云。胡地迢迢三万里，哪堪马上送明君。异方之乐令人悲，羌笛胡笳不用吹。坐看今夜关山月，思杀边城游侠儿。

《全唐诗》卷十一张籍《宫词》里记载：

新鹰初放兔犹肥，白日君王在内稀。薄暮千门临欲锁，红妆飞骑向前归。黄金捍拨紫檀槽，弦索初张调更高。尽理昨来新上曲，内官帘外送樱桃。

又《全唐诗》卷十五李宣古《杜司空席上赋》：

红灯初上月轮高，照见堂前万朵桃。膏箫调清银象管，琵琶声亮紫檀槽。

唐代诗句笔下所记的"紫檀槽"，就是中国唐代乐器曲项琵琶上的重要组成部分"琵琶槽"，琵琶槽本是琵琶工艺制作中非常考究的部分，它与琵琶的音质、音色共鸣都有着直接关系，因此曲项琵琶槽一般采用较为优质的木材做成，紫檀木被唐代的工匠选为制作琵琶的上好材料。从现存的实物来看，今天在日本正仓院所藏的唐代文物中，就有一件螺钿紫檀五弦琵琶琴（图2、图3），这件紫檀五弦琵琶琴，印证了上述诗文中的记载。

图2　日本正仓院藏紫檀五弦琵琶

图3 日本正仓院藏紫檀五弦琵琶(局部)

而据史料可查，在中国古代宫廷中最早使用紫檀，也是在唐代，并且一开始就具有文化属性。《旧唐书》记载唐开元时，收集天下图书，甲乙丙丁四部各为一库，置知书官八人分掌之。唐代内府里书库的"子库"中，其书轴都用紫檀木雕成。其集贤院御书：

经库皆钿白牙轴，黄缥带，红牙签；史书库钿青牙轴，缥带，绿牙签；子库皆雕紫檀轴，紫带，碧牙签。

另外，《南村辍耕录》里也记载了唐代开元时以紫檀木作书画轴头的史实："唐贞观开元间，人主崇尚文雅，其书画皆用紫龙绸绫为表，绿文纹绫为里，紫檀云头杵轴，……"

《玉海》卷八记载：

唐中和节，赐尺镂牙尺，紫檀尺，李泌请以二月朔为中和节，……六典中尚令二月二日进镂牙尺紫檀尺。

从上述文献记载可知，早在唐代，我国古代的能工巧匠们就已经用紫檀木打造器物了，但这时的紫檀木，主要还是被用作乐器"琵琶"上的部件"琵琶槽"或卷书的画轴之类。而在明代文人李栩所著的《戒庵老人漫笔》里，更记载了一则唐代女皇武则天为其宠禽鹦鹉打造紫檀棺材的传说。据清代《啸亭杂录》卷八记载，宋代徽宗时期有用紫檀制作的盛装画轴的画匣，具有保存如新的奇效。

五国城，五国城在今白都纳地方。乾隆中，副都统绰克托筑城，掘得宋徽宗所画鹰轴，用紫檀匣盛瘗千余年，墨迹如新。

二、元代宫廷紫檀使用考

宋代以后，伴随着社会经济的不断发展，手工业技术水平较之以前也有了进一步提高。元代是由中国北方少数民族蒙古族建立起来的政权，蒙古民族起自朔漠，以武定国。在发展经济的同时，元代统治者十分重视海外贸易，这一时期的海外贸易十分发达。

元代领土辽阔，交通发达，农业、手工业的恢复和发展，国内商品富余，促使商人的贸易由国内转到国外。罗盘针的广泛应用和航海技术的进步，为开展海外贸易提供了有利的条件。在对海外贸易的过程中，来自殊方异域的特产源源不断地流入国内，许多舶来品甚至进入了元朝宫廷，这些进入元朝宫廷的舶来品中，除了犀角、象牙、珍珠、宝石、香料等所谓的专供皇室贵族、权门豪强消费的奢侈品——"细货"外，也有一部分是手工业产品所需的珍贵原料，这其中不能不谈到元世祖近臣亦黑迷失进献给元代宫廷的珍贵木材"紫檀木"。（图4）

图4　故宫博物院藏元世祖忽必烈像

亦黑迷失又称也黑迷失，元畏兀儿人。初充世祖宿卫。至元九年（1272年）、十二年（1275年）两度出使海外，十八年（1281年）授荆湖占城行省参知政事。亦黑迷失历仕世祖、成宗、武宗三朝，可谓"三朝元老"。他奉元廷旨意，数度泛海浮舟，出使外洋，在远赴海外期间，特意留心于殊方异域的番货、远物、珍宝、奇玩。对于产于西南洋地区的紫檀木，亦黑迷失更是格外倾心。据《元史》记载，亦黑迷失于：

> 至元二十四年，使马八儿国，取其佛钵舍利，浮海阻风，行一年乃至。得其良医善药，遂以其国人来贡方物，又以私钱购紫檀木殿才并献之。[19]

19.《元史》卷一百三十一，《列传》十八，"亦黑迷失"，中华书局，1979年，第3198页。

当时元朝宫廷正大肆营建大都的宫殿，而紫檀木对于元朝宫廷来说，是不可多得的珍贵的殿材，所以亦黑迷失在出使西南洋的"马八儿国"期间，又以私家钱重金购得紫檀木献给元廷。

马八儿国是印度南部的古国，文献记载马八儿与俱蓝国，是"忻都田地里"（元代对印度次大陆的统称）中"足以纲领诸国"

的两个重要国家，与元朝关系密切，自至元十六年（1279年）起，马八儿国多次遣使入元，带来珍珠、象、犀、奇兽等物。马八儿国位于今印度南部的马拉巴尔（Malabar）[20]，其地理位置与今天印度西南部的迈索尔（Mysore）接近，而印度西南部正是植物学界公认的极为名贵的"檀香紫檀"的唯一产地。可知，亦黑迷失从印度南部马八儿国购进的紫檀木殿材，应是极为名贵的"檀香紫檀"，也就是今天植物学界中所公认的"小叶紫檀"。

元代紫檀的使用凸显在宫廷营造中。据文献记载，元朝的宫殿建筑中有一座紫檀殿，就是采用亦黑迷失进献的紫檀木建筑而成。元世祖忽必烈继位后，自上都（和林）迁往大都，元大都开始兴建于至元四年（1267年），在金中都东北郊外以琼华岛金大宁宫一带为中心建设一座新城，大都城由刘秉忠等人主持规划，他们按古代汉族传统都城的布局进行设计，历时八年建成。

元大都宫殿内有许多独具特色的建筑，而紫檀殿就是其中一座。"至元二十八年三月……发侍卫兵营紫檀殿"，紫檀殿修建年代要晚于元大内其他宫殿，建于至元二十八年（1291年）。据史书记载，紫檀殿位于大明寝殿的西侧，"大明殿为登极、正旦、寿节会朝之正衙。寝殿后连香阁，文思殿在寝殿东，紫檀殿在寝殿西。"[21] 而陶宗仪的《南村辍耕录》对紫檀殿的记载最为详细具体。"文思殿在大明寝殿东，三间，前后轩，东西三十五尺，深七十二尺。紫檀殿在大明寝殿西，制度如文思，皆以紫檀香木为之，缕花龙涎香，间白玉饰壁，草色髹绿，其皮为地衣。"[22] 从陶氏所记可以想见当年这座宫殿金壁辉煌、流光溢彩的盛景。

元代宫廷里除了以紫檀木建造的宫殿紫檀殿外，在其他一些宫殿里还陈设有紫檀器用家具等。如《南村辍耕录》中记载元朝大内延春阁的寝殿之内，就设有紫檀宝座。"寝殿楠木御榻，东夹紫檀御榻。"[23] 此外，在元大都宫殿内供奉祖先御容的"神御殿"里，其所供奉的帝后御容的画轴，也用紫檀木制成。"其绘画用物，……大

20. 陈高华、陈尚胜：《中国海外交通史》第三章，《宋元：海外交通的鼎盛》，台湾文津出版社印行，1997年。

21. 《新元史》卷三十九，志第十三，地理一，中国书店，1985年。

22. ［元］陶宗仪：《南村辍耕录》卷二十一，中华书局，1959年。

23. ［元］陶宗仪著：《南村辍耕录》卷二十一，中华书局，1959年。

红销红梅花罗四十尺，红绢四十尺，紫梅花罗七尺，紫檀轴一。"[24]元代的卤薄仪仗中，也出现了以紫檀木雕成的海水龙纹。

综上所述，元代由于社会经济的发展，对外贸易的发达，使得来自殊方异域的名贵紫檀木大量进入元代宫廷中。在紫檀的使用方面，较之其以前的唐代，元代皇宫中不仅有大量紫檀木为构架栋材建造的"紫檀殿"，而且元代禁宫大内的一些家具器用陈设等也都采用紫檀木制成。神御殿里的紫檀画轴、"紫檀御榻"以及雕饰紫檀福海龙纹的卤薄仪仗都包括在内。

值得一提的是，元末文人陶宗仪在《南村辍耕录》一书里记载的延春阁寝殿内的宝座"紫檀御榻"，是我国古代文献中首次明确出现以紫檀木制成坐具的记载。虽然元代宫廷里紫檀器用家具使用的普遍程度不能和以后的明清两代相比，但不可否认，紫檀木在元代宫廷中的使用已占一定比例。

三、明清家具材质工艺的集大成

明代是中国家具的黄金时期，紫檀家具器物在明清时期的发展可谓是繁盛。由于材源充足，民间的能工巧匠们可以随心所欲，纵情驰骋于斧凿之间，生产了大批硬木家具。由此，无论是宫廷贵族、富商巨贾，还是广大的市民，社会各阶层都出现了争以搜罗硬木家具的习尚，相沿成风。

伴随着明代中后期大肆兴起的造园之风，需要有大量的家具陈设其间，明代的文人以及当时一些资产雄厚的富户巨室对于当时家具的陈设及制作均起到了重要的作用，其中紫檀家具成为当时富有阶层室内重要的陈设家具。

明代流传下来的一些言情小说中描写的内容可以展现当时的景致。明末方汝浩的社会言情小说《禅真逸室》一书中就记载在妙香寺

24.《新元史》卷七十八，中国书店，1985年。

的一处房间里，陈设有包括紫檀在内的多种家具。该书第七回记载：

  赵婆引路，一同进去。转弯抹角，都是重门小壁，足过了六七进房子，方引入一间小房里。黎赛玉仔细看时，四围尽是鸳鸯板壁，退光黑漆的门扇，门口放一架铁力木嵌太湖石的屏风，正面挂一幅名人山水，侧边挂着四轴行书草字。屏风里一张金漆桌子，堆着经卷书籍、文房四宝、图书册页、多般玩器。左边傍壁，摆着一带藤穿嵌大理石背的一字交椅。右边铺着一张水磨紫檀万字凉床，铺陈齐整，挂一顶月白色轻罗帐幔，金帐钩桃红帐须。侧首挂着一张七弦古琴，琴边又斜悬着几枝箫管，一口宝剑。上面放着一张雕花描金供桌，侍奉一尊渗金的达摩祖师。

  这段描述为今人了解明代居室内部的家具陈设情况提供了翔实的资料。其中最引人注目的就是屋中右侧摆放的这张"紫檀万字凉床"。凉床是一种带有飘檐、踏步及花板的拔步床。

  明万历刻本《仙媛纪事》插图里少妇所躺的架子床（图5），与凉床的形制接近。《通俗常言疏证》引《荆钗记》："可将冬暖夏凉描金漆拔步大凉床搬到十二间透明楼上。"这张紫檀万字凉床，做工精巧，装饰奢华，床面上铺陈齐整，床上的挂檐上挂一顶月白色轻罗帐幔，装饰有金帐钩桃红帐须，应是一件精雕细作的紫檀家具。

  另外在描写魏忠贤发迹史的小说《梼杌闲评》里，描写兵部贪官崔呈秀宅中陈设紫檀家具以显文雅品位，其中写道：

  文梓雕梁，花梨栽槛。绿窗紧密，层层又障珠帘；素壁泥封，处处更绣白蠟。云母屏晶光夺目，大理榻皎洁宜人。紫檀架上，列许多诗文子史，果然十万牙签；沉香案头，摆几件钟瓶彝，尽是千年古物。

图5　明万历《仙媛纪事》版画

图6 明崇祯刻本《英雄谱图赞》

文中描写这件"列许多诗文子史,果然十万牙签"的紫檀架其实就是一种专为盛放文玩书籍的架格。如《英雄谱图赞》明崇祯间刻本中的插图中(图6),图中官员站于屏风前,背手而立,其身后的架格上摆满了图书,这种架格在传世的明式家具中多有出现。

紫檀器用家具渗透到当时社会生活的各个方面,在明代文人笔记里也有所反映。明代文人高濂的《遵生八笺》一书里,提到了书室中书房案头陈设有紫檀小几(图7):

今吴中制有朱色小几,去倭差小,或如香案,更有紫檀花嵌。[25]

当时佛教信徒居士所戴的念珠中,亦出现了紫檀制品。该书《起居安乐笺·下卷》记载:

念珠,以菩提子为上。……有玉制者……,紫檀乌木棕竹车者,亦雅。竹冠制维偓月高士二式为佳,他无取焉,间以紫檀黄杨为之亦可,近取瘿木为冠以其形肖微似,以此束发,终少风神。[26]

而文人书房里的紫檀文具更是数不胜数。

25. [明]高濂《遵生八笺·论文房器具·香几》第547页,巴蜀书社出版社,1988年6月第1版

26. [明]高濂:《遵生八笺·起居安乐笺·卷下》,巴蜀书社出版社,1988年,第281页

图7 紫檀卷书式小几

"燕闲清赏笺"记载：明代流行剔红雕嵌等文物玩器物，雕刻名家辈出，其中就有不少精雕细嵌的紫檀器物，"论剔红倭漆雕刻镶嵌器……又如雕刻宝嵌紫檀等器，其费心思工本亦为一代之绝。……嗣后有鲍天成、朱小松、王百户、朱浒崖、袁友竹、朱龙川、方古林辈皆能雕琢犀象香料紫檀图匣、香盒、扇坠、簪钮之类，种种奇巧，迥迈前人。"[27]

又"燕闲清赏笺"记载：

用古砚一方，以豆瓣楠紫檀为匣，或用花梨亦可，……笔床之制，行世甚少。余得一古鎏金笔床，长六寸，高寸二分，阔二寸余，如一架然，上可卧笔四矢。此以为式，用紫檀乌木为之亦佳。……墨匣，以紫檀乌木豆瓣楠为匣，多用古人玉带花板镶之。……笔船，有紫檀乌木细镶竹箆者，精甚。有以牙玉为之者，亦佳……。[28]

从上述引文可知，明代文人书房里有紫檀图匣、放砚台的紫檀砚匣、放置墨锭的紫檀墨匣和紫檀笔船等文具，都以紫檀乌木制作为上品。

榻是中国文士们雅居的必备之物，《长物志》卷六中有载明代文人居室内就有紫檀制成的榻：

几榻，榻坐高一尺二寸，屏高一尺三寸，长七尺有奇，横一尺五寸，周设木格中实湘竹，下座不虚三面靠背后背后两傍等，此榻之定式也，有古继纹者，有元螺钿者，其制自然古雅，忌有四足或为螳螂腿，下承以板则可，近有大理石镶者，有退光朱黑漆，中刻竹树以粉填者，有新螺钿者大非雅器，他如花楠、紫檀、乌木、花梨照旧式制成俱可用。[29]

明代文人谢肇淛《五杂俎》卷十二"物部四"还记载，江南的

27. ［明］高濂：《遵生八笺·燕闲清赏笺·卷上》，巴蜀书社出版社，1988年6月，第488页。

28. ［明］高濂：《遵生八笺·燕闲清赏笺·卷中》，巴蜀书社出版社，1988年6月，第533—534页。

29. ［明］文震亨：《长物志》卷六"几榻"，《生活与博物丛书·饮食起居编》，上海古籍出版社，1993年，第419页。

茶具里面，"茶注"也有用紫檀制成的。

> 茶注……吴中造者，紫檀为柄，圆玉为纽，置几案间，足称大雅。30

紫檀家具器用在明代宫廷中也是备受推崇，明代宫廷中的御用监，执掌宫廷御用家具的制作，其中宫廷所用的紫檀器用，即为御用监所作：

> 御用监，掌印太监一员，里外监把总二员，典簿、掌司、写字、监工无定员。凡御前所用围屏、床榻诸木器，及紫檀、象牙、乌木、螺甸诸玩器，皆造办之。31

随着社会经济的发展，明代以紫檀打造的家具器用，成为当时社会富有阶层追求的目标，涉及品种广泛，举凡几案、桌榻、架格、凉床、纱厨、茶具、折扇、念珠、文具以至宅第装修，无所不包。从前述的文献中可知，紫檀多"雕刻宝嵌器"，这与黄花梨的文雅风格不同，在《长物志》中也显现家具的雅俗之分，紫檀家具与黄花梨家具的风格渐渐明晰。

紫檀木的优质属性被皇亲国戚欣赏并开发出来，既而受到达官显贵和江南一带富贾大户纷纷追捧和效仿。由于地方上以此作为争奢斗富的手段，至明代末期，国势衰微，兵祸频频，崇祯帝对民间争奇斗富之风严加训诫，尚俭抑奢，下旨禁止民间使用紫檀、花梨等物，以应时势；但另一方面，反向上使得紫檀木被赋予了帝王专用的色彩。

四、清代紫檀使用——贵胄之享

清代是中国封建社会经济发展的顶峰时期。从清初至清中叶，由于社会经济的繁荣发展，版图辽阔，海禁初开，四海来朝，八方

30. 谢肇淛：《五杂俎·卷十二·物部四》中华书局，1959年版。

31. ［明］张廷玉等编：《明史》卷七十四，志第五十，中华书局，1974年版。

入贡。使得明代难得的新疆玉、缅甸翠，海中珊瑚、车渠、远道的犀角、象牙，汇集宫中，还有西洋的玻璃，镜子都需一种色泽沉静的木料来衬托，而紫檀木因为其独特的属性尤为帝王之家所看重。此时，西方正值文艺复兴后的法国路易十四、十五时期，巴洛克和洛可可风格的艺术大行其道，影响遍及欧美。而中国也正值清代康熙、雍正及乾隆前期，尤其是康、雍二朝，正是清式家具形成期，巴洛克的那种精雕细琢及镶金嵌玉的工艺风格，也影响到正在发展中的清代宫廷家具，这种工艺风格最终选定的材料也必是纹理沉穆、质地坚好的紫檀木。再有，清代统治者的审美情趣也决定了紫檀木最终要在清宫家具制作中被绝对重用。清代是中国皇权制度登峰造极的时期，清代宫廷礼法森严，规制繁多，清代帝王不论才智如何，大都做事严谨，安于守成，对于琐事小节亦颇重视。这与明代的一些帝王重视喜好玩乐形成很大的反差。而紫檀木那种不喧不噪、稳重沉穆的特性恰恰迎合了清代帝王的心理需求。故清代皇室对于紫檀木格外看重，可以说精工细作的紫檀家具形成的宫廷风格代表了清代家具艺术的最高成就。同期一些豪门权贵，也纷纷以紫檀家具装点门面，在社会富有的阶层中，形成了崇尚紫檀家具的风气。

清代紫檀家具从宫殿建筑、苑囿装修、家具器用形成了完整系统的宫廷风格，也是中国古典家具中独立而完备的清式风格。本次课程对此处不再展开，相关内容同学们可以参见周京南的《木海探微》一书。

清代家具是继明代家具后的又一座高峰，在明式家具的基础上发展而成，成就截然不同的风格，两者对比观察更利于我们了解明式家具的风格特征和文化内涵。

课程视频观看地址

图8　紫檀雕西番莲纹扶手椅

图8　紫檀雕西番莲纹扶手椅（局部）

第四节　楠木的使用历史

还有一种木材在中国家具史上有着深远的文明和深厚的文化背景，不亚于紫檀黄花梨，它就是楠木。楠木代表了中国人对木材的另一种价值观。

楠木为常绿乔木，高十余丈，叶为长椭圆形。按照现代植物分类学，我国约有30多种，主产于我国中低纬度地带的长江流域以南，尤以西南为常见，如四川、云南、广西、湖北、湖南等地，这里气候温暖湿润，既无高纬度地区的狂风暴雪肆虐，又无热带雨林地区的炎日酷热烤晒，独特的自然环境和气候条件造就了楠木"温润平和"的木质特性。楠木的木质结构细，纹理直，易加工，耐久性强，切面光滑，被封建帝王之家所推崇，成为其营建宫室、打造家具的重要用材。

一、古代宫殿建筑的重要用材

历代名家对楠木的木性极为推崇，首先还是医学家李时珍。他在《本草纲目》中记载：

> 楠木生南方，而黔、蜀山尤多。……叶似豫章，而大如牛耳，一头尖，经岁不凋，新沉相换。其花赤黄色。实似丁香，色青，……干甚端伟，高者十余丈，巨者数十周，气甚芬芳，为梁栋器物皆佳，盖良材也。色赤者坚，白者脆。其近根年深向阳者，结成草木山水之状，俗呼为骰柏楠，宜作器。

明代文人王志性所撰的《广志绎》卷四"江南诸省"记载：

> 天生楠木，似专供殿庭榱栋之用，凡木多围轮盘屈，枝叶扶疏，非杉、楠不能树树皆直，虽美杉亦皆下丰上锐，顶踵殊科，惟楠木十数丈余，既高且直，又其木下不生枝，止到木巅方散干布叶，如撑伞然，根大二丈则顶亦二丈之亚，上下相齐……力坚理腻，质轻性爽，不涩斧斤，最宜磨琢。故近日吴中器具皆用之，此名香楠。又一种名柏楠，亦名豆瓣楠，剖削而水磨之，片片花纹，美者如画，其香特甚，蒸之，亦沉速之次。又一种名瘿木，遍地皆花，如织锦然，多圆纹，浓淡可挹，香又过之。

另据明朝贺仲轼的《两宫鼎建记》记载：

> ……覆川湖贵减楠木尺寸疏，照得楠木，宫殿所需，每根动费千万两，不中绳墨，采将安用？

楠木由于其不喧不燥、经久耐用的独特属性，成为皇家建筑中不可或缺的重要木材，与皇室贵胄之家结下了不解之缘，据《钦定大清会典》记载：

> 凡修建宫殿所需物材攻石炼灰皆于京西山麓，楠木采于湖南福建四川广东。

上述记载说明当时楠木主要是皇家宫殿的重要建材，此外还用于制作舟船，但用楠木作家具的记载，目前所见最早的史料出现在元末陶宗仪的《南村辍耕录》：

> 后香阁一间。东西一百四十尺，深七十五尺，高如其深。……阁上御榻二。柱廊中设小山屏床，皆楠木为之，而饰以金。寝殿楠木御榻，东夹紫檀御榻。……香阁楠木寝床，金缕褥，黑貂壁幛。[32]

32. ［元］陶宗仪：《南村辍耕录》卷二十一，中华书局，1959年。

据文中所说，在元代宫廷内，就有楠木制成的宝座、屏床和寝床。可见，早在元代，楠木就已应用于宫廷家具的制作，也成为皇家青睐的家具用材。同样该书还记载在元代宫廷里，建有一座楠木殿，通体以楠木为建材做成。

> 文德殿在明晖外，又曰楠木殿，皆楠木为之，三间。

这是笔者目前发现的中国历史上明确的文献记载最早以楠木为建材建造的宫殿。

由于楠木优秀的材质性能，明清两代大肆营造宫殿建筑，对楠木的需求达到了历史巅峰。明代的宫殿及城楼、寺庙行宫等重要建筑，其栋梁必用楠木。最具代表性的是明长陵的祾恩殿以及北海北岸西天梵境内的大慈真如宝殿。这两处殿宇都是始建于明代，所有结构全部采用金丝楠木，殿内完全不施彩绘，保留了楠木的本色。

到了清代，人们对楠木更是喜爱有加，清康熙时修建的承德避暑山庄的主殿——淡泊敬诚殿，也是一座著名的楠木大殿。清西陵道光帝的慕陵隆恩殿，配殿建筑木构架均为楠木，并以精巧的雕工技艺雕刻出1318条形态各异的蟠龙和游龙。慕陵隆恩殿的楠木雕刻已突破了其他清陵油饰彩绘的作法，采用在原木上蜡涂烫的表面处理，壮美绝伦。

除了皇家宫殿建筑及陵寝以外，皇家的王府尤其是坛庙，也多处用到楠木。天坛祈年殿是清王朝举行祈谷典礼的神殿（图9），是一座木结构三重檐圆攒尖顶蓝色琉璃瓦建筑，上檐下正南方悬雕九龙华带金匾，青底金书"祈年殿"。祈年殿高31.6米，台基高5.2米，通高为36.8米，是北京市区最为高大的古建筑之一。

祈年殿最大的特色就是这座殿堂由28根楠木大柱支撑。三层重檐向上逐层收缩作伞状，建筑独特，无大梁长檩及铁钉。祈年殿是按照"敬天礼神"的思想设计的，殿为圆形，象征天圆；瓦为蓝色，象征蓝天，柱子呈环状排列，中间4根龙井柱，高19.2米，直径1.2米，支撑上层屋檐，象征一年四季春、夏、秋、冬；中围的十二根"金柱"象征一年十二个月；外围的十二根"檐柱"象征一天十二个时辰。中层和外层相加的二十四根，象征一年二十四个节气。三层总共二十八根象征天上二十八星宿。再加上柱顶端的八根铜柱，总共三十六根，象征三十六天罡。这座由28根楠木大柱支撑的的神殿，历经几个世纪的风雨沧桑，至今完整地保留了下来，成为北京城的一座标志性建筑。

图9　祈年殿

清代举行祭祖大典的重要殿堂太庙，也有一座以楠木闻名的殿堂——太庙享殿。太庙位于紫禁城左前方，整座建筑群雄伟壮丽、金碧辉煌，与紫禁城建筑风格协调一致。太庙建筑群中最雄伟壮观的就是享殿了，又名前殿，是明清两代皇帝举行祭祖大典的场所。它是整个大殿的主体，68根大柱及主要梁枋均为楠木，柱高为13.32米，最大底径达1.23米，建筑品质与文物价值只有明长陵的棱恩殿可与其相匹。

除了皇家建筑及坛庙外，有一些民间建筑也都是以金丝楠建成，如四川绵阳报恩寺、江苏无锡昭嗣堂、江苏溧阳凤凰园楠木厅、江苏苏州王家祠堂的楠木建筑等。

二、文心禅林的造化

在古代文学史上，楠木往往与文心、禅林融合在一起。

唐代是中国古代诗歌发展的全盛时期，名家辈出，而诗人杜甫一生中写出了多篇充满现实主义的诗作，其诗被称为"诗史"。杜甫钟情于楠木，特作高楠诗一首，满怀激情地对楠木进行讴歌：

楠树色冥冥，江边一盖青。近根开药圃，接叶制茅亭。落景阴犹合，微风韵可听。寻常绝醉因，卧此片时醒。

诗中对楠木独韵的身姿以及奇异的解酒功能多有称赞。

同为唐代诗人的史俊在《题巴州光福寺楠木》诗中更是以神来之笔向我们描述了楠木卓而不群的特质：

近郭城南山寺深，亭亭奇树出禅林。结根幽蛰不知岁，耸干摩天凡几寻。翠色晚将岚气合，月光时有夜猿吟。经行绿叶望成盖，宴坐黄花长满襟。此木尝闻生豫章，今朝独秀在巴乡。凌霜不肯让松柏，作宇由来称栋梁。会待良工时一晒，应归法水作慈航。

诗中的"奇树出禅林"就是指的楠木。史俊赞赏楠木凌寒不让松柏、摩天入云、伟岸端直，堪作建筑栋梁之材，并延伸到禅林普度之器，点出楠木的佛缘。

在中国传统民间传说中，楠木也被赋予极强的文化象征意义。人类文明的重要标志之一便是使用火种的起源，在西方的神话传说中，普罗米修斯给人类带来火种，而中国古代的神话传说中，燧人氏钻木取火，为中华民族驱逐黑暗，带来文明。传说燧人氏取火的木种，竟然是楠木。[33] 这些典故虽然是神话传说，但是也证明了楠木在中国古代文明史和国人心中的重要地位。

三、明清宫廷对楠木的开采

明代建立之初，为建造宫室，需用大量的建材，明朝统治者派员从南方采伐大量的楠木，源源不断地充斥内廷，成为帝王之家建筑的栋梁之材。前文提到明永乐四年（1460年）诏建北京宫殿时就"分遣大臣采木于四川、湖广、江西、浙江、山西"，在云南省昭通市盐津县滩头乡界碑村营盘社龙塘湾的两处明代摩崖题刻，均自右至左直书，记载了明代朝廷对此处楠木的开采这一史实。其一为明洪武八年（1375年）伐植楠木，直书七行；其二为明永乐五年（1407年）拖运楠木，直书五行，皆为修建宫殿备料纪实，原文如下：

大明国洪武八年乙卯十一月戊子上旬三日，宜宾县官部领夷人夫一百八十名，砍剁宫阙香楠木植一百四十根。大明国永乐五年丁亥四月丙午日，叙州府宜宾县官主簿陈、典史何等部领人夫八百名，拖运宫殿楠木四百根。[34]

33. ［清］袁牧《子不语》记载："四川苗洞中人迹不到处，古木万株，有首尾阔数十围，高千丈者。邛州杨某为采贡木故，亲诣其地，相度群树。有极大楠木一株，枝叶结成龙凤之形，将施斧锯，忽风雷大作，冰雹齐下，匠人惧而停工。其夜，刺史梦一古衣冠人来，拱手语曰：'我燧人皇帝钻火树也。当天地开辟后，三皇递兴，一万余年，天下只有水，并无火，五行不全。我怜君民生食，故舍身度世，教燧人皇帝钻木出火，以作大烹，先从我根上起钻，至今灼痕犹可验也。有此大功，君其忍锯我乎？'刺史曰：'神言甚是。但神有功，亦有过。'神问：'何也？'曰：'凡食生物者，肠胃无烟火气，故疾病不生，且有长年之寿。自水火既济之后，小则疮痔，大则痪癰，皆火气蒸熏而成。然后神农皇帝尝百草、施医药以相救。可见燧人皇帝以前民皆无病可治，自火食后，从此生民年寿短矣。且下官奉文采办，不得大木不能消差，奈何？'神曰：'君言亦有理。我与天地同生，让我与天地同尽。我有曾孙树三株，大蔽十牛，尽可合用消差。但两株性恭顺，祭之便可运斤；其一株性崛强，须我论之，才肯受伐。'次日如其言，设祭施锯，果都平顺；及运至川河，忽风浪大作，一木沉水中，万夫曳之，卒不起。"

34. 云南《盐津县志》第492页，云南人民出版社，1994年。

又据《明史·食货志》记载:

(万历)二十四年(1596年)三殿兴工,采楠杉诸木费银930余万两,征诸民间,较较嘉靖年费更倍。

入清以后,沿袭明制,一遇宫殿大工,就派遣官员到湖北、四川等地采购楠木。清代康熙初年,为兴建太和殿,曾派官赴浙江、福建、广东、广西、湖南、湖北、四川等地大量采办过楠木。

由于明清两代对楠木无节制地开采,使得楠木已难以满足清代统治者大兴土木的需要。康熙八年维护乾清宫、太和殿,由于楠木不敷使用,康熙皇帝就酌量以松木凑用,停止采用楠木,康熙二十五年(1686年),康熙皇帝进一步指示"今塞外松木材大,可用者甚多,若取充殿材,即数百年亦可支用,何必楠木,著停止采运。"35 之后,用于建筑栋材的楠木使用相对减少,逐渐被用于宫殿室内的装修及家具文玩器物的制作中。(图10)

35.《皇朝文献通考》卷三十二。

图10 故宫藏楠木炕几

四、清宫书香

楠木始终与文化紧密相连。清代帝王实录、清代帝王所用的册宝等，都要存放在楠木制的宝匣及箱柜中。据清代官廷史料记载，存放皇帝生平事迹记录的重要文献"实录"的"实录柜"，就用楠木制作。实录为封建皇帝死后由继承帝位的儿子命史官编辑死去皇帝的生平事迹以告后世根据的材料，是前皇帝在位时所留下的有关政治活动的文书档案。其中包括诏令、奏议和每日记录皇帝活动的起居注，从中取材主要事迹，按年月排比成书，是我国编年体裁的史料书。由于是号称"据事直书，不加褒贬"，所以名为"实录"。清代宫中把实录存放于楠木制成的实录金柜中，意味着希望经典长存，足见楠木在皇家心目中地位之高。另外在清代宫中，存放皇帝行使皇权的册宝、印章等，也都用楠木箱架存贮。

金丝楠木也是清宫内府图书典籍不可或缺的重要装潢材料，成为传播中国文化典籍的重要载体，功不可没。雍正帝的继位者乾隆皇帝，在位期间，讲究文治，开博学鸿词特科，招收文人学者，编写各种书籍，清代皇室由此大兴修书之风。为了体现皇家对典籍文化的重视，内府编辑付梓的图书大多配有名贵的木质书匣、书套、书衣，其中以金丝楠木制成的书板、书匣及书盒最为考究。如乾隆年间编纂而成的《四库全书》，自乾隆三十八年（1773年）开始编纂，至乾隆五十二年（1787年）缮写完成。共分79070卷，收书3457种，字数达99700万字，装为3.6万余册，6100余函。据《蕉轩续录》卷一记载：

> 四库书每部用香楠二片，上下芙之，红以绸带，外用香楠匣贮之。其书面皆用绢，经用黄，经解用绿，史用赤，子用蓝，集用灰色，所约带及匣上镌书名，悉从其色。[36]

编纂的《四库全书》每部分别用四色丝绢装裱：经部书用绿色绢，史部书用红色绢，子部书用黄色绢，集部书用灰色绢，分别贮

36. ［清］方濬师：《蕉轩随录、续录》，盛冬铃点校，中华书局，1997年12月出版，第542页。

于金丝楠木匣中，再置于书架上，十分考究。

在清宫内务府造办处档案里，对宫廷内楠木家具的制作有多处记载，为我们了解楠木家具在清代宫廷中的应用留下了详实的资料。如清代雍正帝在位时，对于楠木家具的尺寸及制作格外重视，亲下谕旨详细指导内务府造办处制作楠木家具，如雍正三年（1725年）十一月七日，太监刘玉交来衣架纸样一件，传旨：

照样做楠木衣架一件，高二尺五寸，宽三尺，上边横梁作圆的，两边立柱用木枨，中间横枨亦做圆的。两边托泥长一尺，厚二寸。下底要平，上面做磨楞，两边横枨做扁方的。钦此。

十一月二十八日做得。可见雍正对楠木家具尺度和制式的要求非常严格。

其中加载的名物还有圆明园做楠木边书格六架、楠木小床、楠木及紫檀琴桌、木琴桌；楠木桌及折叠桌、楠木小条桌、楠木供桌、楠木匾额、楠木画匣及数珠箱、给御制墨配楠木箱等等。

制作楠木器用与紫檀黄花梨家具同样非常考究，甚至更为讲究，对工匠的酬劳，往往高出材料价格很多。据内务府造办处档案记载，乾隆时五件楠木香几所支付人工成本费用五十三两之多。相比材料的价格，人工成本高出许多，其原因就在于其中蕴含的巧妙设计和人文价值。

现今存世的清代宫廷楠木家具中，有一件康熙帝专门用于学习西洋数学运算方法的算术桌（图11），就是用楠木制作而成。这件算术桌长96厘米，宽64厘米，高32厘米。

桌子作成炕桌式样，设计精巧，桌子中间为正方形银板，用于绘图书写。左右两边长方形银板上刻画着许多表格和图形。左边银

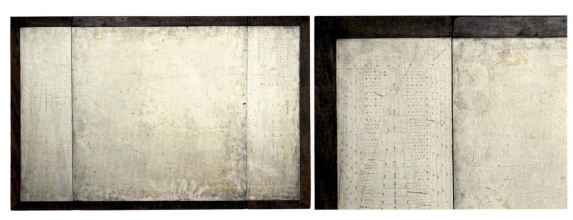

图11　楠木镶银四面平算术桌

板的一端刻有以10条横线和斜线组成的精确到千分之一的分厘尺，在银板的中央刻有5条射线，标以"开平方"及"求圆半径"字样，两侧分别是相比例体表与开立方体表。

这张炕桌由清宫内务府造办处制造。桌面上的正中银板可以掀开，桌内有可存放计算和绘图工具的各式格子七个，桌子牙板为直牙条，牙子上铲地浮雕夔龙拐子纹，四条腿足直下，足端雕成内翻马蹄足，是康熙帝晚年读书和学习西洋运算的专用算数桌。这表现出楠木与治学有着密切的文化关连。

楠木既出现在宫廷最庄重的地方，也出现在最私密的地方。在紫禁城的外朝正中线的宫殿太和殿、中和殿、保和殿里面的宝座，全部以楠木为胎、罩以金漆，髹饰龙纹。金漆龙纹楠木家具是中轴线上主殿重要陈设家具（图12、图13）。如在太和殿内的宝座即

图12　太和殿楠木金漆龙云文宝座

图13　太和殿楠木金漆龙云文宝座（局部）

金漆龙纹楠木宝座高踞在七层台阶的座基上，在清宫内廷中，位于中轴线上的乾清宫正间的陈设与太和殿陈设格局基本一致。但乾清宫是皇帝处理政务和群臣上朝议事的场所，除了屏风、宝座、香亭外，根据实际需要，在宝座前又增加了楠木御案。皇帝的起居空间也钟情楠木家具，乾清宫代表阳性，坤宁宫代表阴性，以表示阴阳结合、天地合璧之意。以后坤宁宫正间成为清宫进行萨满祭祀的场所。而东暖阁则成为清帝大婚的洞房。道光十五年（1835年）陈设档记载，在坤宁宫东暖阁里有楠木案、楠木香几等家具。坤宁宫东暖阁里陈设着豆瓣楠木案一张，上面陈设：敬胜斋法帖肆套计四十册，墨刻，冬青釉拱花八挂炉……楠木香几一对。

在紫禁城的一些佛堂里，楠木家具更成为佛堂里不可缺少的家具陈设。入清以后，清代帝王充分了解藏传佛教在蒙藏地区的重要影响，为了表达自己礼佛敬佛的诚意，在紫禁城内兴建了大量的佛堂，而佛堂里供佛的家具均为楠木制作。据光绪二年（1876年）崇敬殿东西佛堂的陈设档里就记载，崇敬殿东西佛堂里陈设有大量的楠木金漆家具及楠木本色家具。

在等级森严的封建社会，普通百姓家根本就用不起楠木，而在清代，天子脚下的北京城，楠木只能由皇家专用，文武官员禁止使用，违者治罪。

五、楠木的养生保健作用

在古代，楠木除了用作家具之外，它还有一个功能，就是楠木本身也可入药，与中国古代养生保健关系至为密切。

历史上楠木被用于治疗霍乱，北宋医家唐慎微的《证类本草》卷十三中记载：

> 楠木枝叶味苦温，无毒，主霍乱，煎汁服之，木高大叶如桑，出南方山中。郭注尔雅云，楠，大木，叶如桑也。

文中讲述古代霍乱多发生于夏秋季节，患者大多有贪凉和进食腐馊食物等情况，因此认为主要由于感受暑湿、寒湿秽浊之气及饮食不洁导致。以楠木枝叶煎汤汁服用，可以治疗霍乱。

在北宋官修方书《太平圣惠方》里记载了楠木治疗聤耳出脓水的症状。明代医书《普济方》由明太祖第五子周定王朱橚、滕硕、刘醇等编，刊于15世纪初，是明初编修的一部大型医学方书。《普济方》卷二百一"霍乱门"记载楠木可以用于治疗霍乱："主霍乱。……以楠木枝叶。煎汁服之。"[37]《普济方》卷二百四十六"脚气门"记载楠木与其他药配合使用，能治疗脚气。下面综合医书所载归纳楠木的药用作用的表格：

37.《文渊阁四库全书·子部·医家类·五九·普济方》，台湾商务印书馆，1998年，第753页。

楠木的药用作用表

引书	时代	主治疾病	使用方法
证类本草	北宋	霍乱	煎汁口服。
小儿卫生总微论方	北宋	胃冷吐逆正气	口服，楠木皮煎汤服之。
太平圣惠方	北宋	聤耳出脓水（中耳炎）	外用，与其他药配伍使用，研为散，取少许，放入耳中。
普济方	明	霍乱	口服，楠木枝叶，煎汤服之。
		霍乱转筋	外用，楠木皮，煎汤洗之。
		脚气肿满	外用，与樟木合用，细锉和匀，于避风处淋蘸。

注：文中大量历史记载得益于周京南老师的多年研究收集，给予了本节内容大力支持。

古代楠木入药，大致可以治疗以下几种疾病：霍乱、胃病、聤耳出脓水（中耳炎）、脚气、霍乱、转筋等病症，疗效范围从传染性疾病、内科疾病到皮科疾病，都有应用。

木材是中国家具最青睐的材质，不止以上的珍惜名贵材种，中华大地的能工巧匠秉承因地制宜、就近取材、物尽其用的原则，在每个地区都能找到适应当地气候、湿度、保有量的木种，去针对它们的材性因材施法，设计结构工艺，制作家具器物。如北方陕西的榆木、松木、杉木，南方江南一带的榉木、柞木等，都是明式清家具的常用材料。明式家具工艺的特殊之处，也在于材质多样而对应了各自匹配的榫卯结构和功法技艺，因而这类家具同样具有极高的艺术价值和工艺价值，也是明清家具重要的保存部分，流传至今。

思考题

- 对比科学定义讨论木材的文学名意义
- 关注红木的特性在现实生活中的体验效果
- 从设计学的视角对比分析软木和硬木的使用特征
- 关注现实生活中典型硬木其文化属性的体现方式

第三章

明式家具的分类

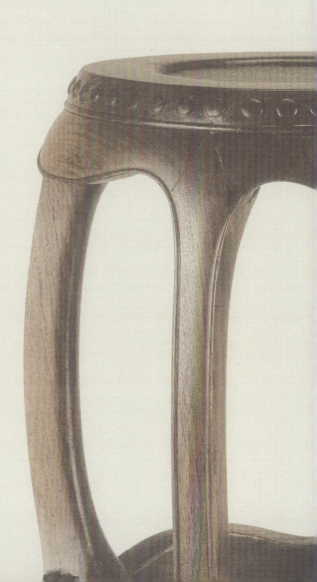

在经济的发展、需求的扩大、文人雅士推崇的风尚生活的影响下，到明晚期，明式家具的款式演变非常丰富。

明式家具的分类体系是中国社会生活循序发展的结果，也是中国家具历史一脉相承的文化成果。宋代实现中国高型家具体系，明清两代家具是中国高型家具体系发展的辉煌成就，明式家具更是中国家具史上的一颗璀璨明星。

明式家具具有完备的体系，从历史留存和文献资料上都足以证明。我们参考王世襄的《明式家具研究》一书[38]，以留存的实物为依据，以硬木家具为主体，以此见大，根据功能和形制来归类，将明式家具统分为五大类：椅凳类、桌案类、床榻类、柜架类，还有另外一些奇巧特别的零星用品我们归为其他类。以下我们列举典型样式展示，整体理解分类体系和认识每一子类的典型形态及其特征。每个类型更多的实物图例请参看王世襄《明式家具研究》等鉴赏书籍。

38. 王世襄：《明式家具研究》，北京：生活·读书·新知三联书店，2008年。

第一节　椅凳类

椅凳类这一类又分为六个小门类。分别为：杌凳、坐墩、交杌、长凳、椅和宝座。

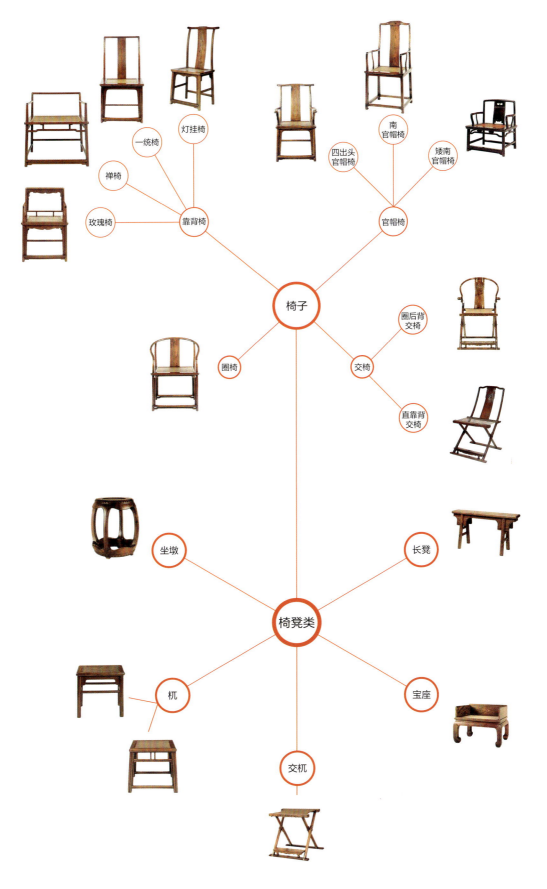

椅凳类示意图

1. 杌

杌，是专指没有靠背的一类，坐具以别于有靠背的椅。在无束腰的杌凳中，原材直足直枨的是它的基本形式。其结构吸取了大梁的造法，四足有侧脚。侧脚在结构上起到了更稳定的的作用，在视觉上则有消解透视的作用，日常看起来更美观。这个方法在绝大部分的传统家具中都被使用（图1）。

图1　明　黄花梨无束腰圆脚长方凳成对

2. 坐墩

坐墩，又名"绣墩"，这是因为古代使用时墩上多覆盖锦绣一类织物作为垫子，借以增其华美。由于它像鼓，故又名"鼓墩"（图2）。

图2 黄花梨四开光坐墩

3. 交杌

交杌,即腿足相交的杌凳,俗称"马扎",就是古代的胡床。明式的交杌,最简单的只用8根直材构成,坐面穿绳或皮条带,比较精细的则施雕刻,加金属装饰件,用绒等编织杌面(图3)。

图3 明 黄花梨交杌

4. 长凳

长凳是狭长无靠背凳的统称,分为三种:条凳,处处可见,大小长短不一,尺寸较小,俗称板凳。二人凳,凳面较宽,可以两人并坐。春凳,长五六尺,宽超过二尺,可坐三五人,亦可睡卧,以代小或陈设器物,功同桌案。南北均称此为"春凳"(图4)。

图4　花梨长凳

5. 椅子

椅子是有靠背的坐具，也是最重要和有特点的品类，样式繁多，在传统家具中除了形制特大、雕饰奢华、尊享独坐的宝座，其他均入此类。依据明式椅子的形制可分为四式：靠背椅、官帽椅、圈椅、交椅。

靠背椅：灯挂椅、一统椅、玫瑰椅

所谓靠背椅就是只有靠背没有扶手的椅子。靠背由一根搭脑、两侧立材和中间的靠背板构成。搭脑出头叫灯挂椅（图5），不出头的叫一统椅（图6）。好的灯挂椅外轮廓清秀挺拔，视觉比例张弛有度，搭脑处变化生动，卷舒优雅，是明清椅类中最流行的一种。

扶手椅，既有靠背又有扶手，常见的形式有玫瑰椅（图7）和官帽椅。玫瑰椅形制是直接承接宋式的，宋画中常常出现在文人雅集的题材中，如宋佚名《南唐文会图》。椅子较矮，用材单细，造型轻巧美观，黄花梨居多，紫檀的较少。是明代极为流行的一种形式，明代在使用上有所改变，因靠背较矮，它经常会背靠窗台放置，不会遮挡光线。

玫瑰椅中还有一种常见而特殊的形制是禅椅（图8），它用于坐禅或打坐，尺度宽大舒朗，这样的形制出现在宋代许多与禅宗有联系的画中，实物的典型样式在王世襄先生《明式家具珍赏》中刊载，目前被认为是最为典型的范例。

图5 明 黄花梨灯挂椅

图6 一统椅

图7 明 黄花梨玫瑰椅六张成堂

图8　禅椅

官帽椅：四出头官帽椅和南官帽椅

官帽椅，顾名思义，官帽椅的搭脑与古代官吏的帽子有几分相似。有人认为椅子的搭脑两端出头，像官帽的展脚（俗称"纱帽翅"），故有此名。从审美的角度讲，还是应该将注重官帽椅整体气质作为美学和艺术的参照，不应仅仅拘泥于局部的似与不似。官帽椅粗分为分四出头官帽椅和南官帽椅。

四出头弯材官帽椅，此椅是四出头官帽椅的基本样式（图9）。这把椅子通体没有任何装饰和拐弯抹角之处，简洁朴素，隽永大方。对比四出头官帽椅，南官帽椅搭脑、扶手都不出头，得名来源尚无定论。南官帽椅类也有许多样式，给人温文尔雅之感，更显内敛清贵（图10）。

矮南官帽椅，此椅子为榉木，藤屉，坐面高度为原来椅子的一半，坐感舒适，在现代生活中非常合适与茶桌搭配（图11）。

六方形南官帽椅，此椅是官帽椅中很特殊的一件（图12），坐面呈不等边的六变形，下盘非常稳定，显得很宽阔，支撑杆都以瓜棱线修饰，整体稳重又温和，是别出心裁之作。

官帽椅的具体样式并没有唯一性，但整体感受上给人以中正安舒的气质，基于这种状态，往往看似类同，却又赋予了每一把椅子别样的个性与气质（图13、图14）。

明式的椅子在书画作品中尤为多见，往往出现一些独特造型，但仔细品味，会发现这些家具的意态非常符合画面氛围，也能很好地体现人物的状态，在家具的造型和内在反映的气质上很值得推敲。

图9 黄花梨四出头官帽椅

图10 黑漆扇面南官帽椅

图11　鸡翅木矮南官帽椅

图12　六方形南官帽椅

图13 矮靠背南官帽椅

图14　黄花梨南官帽椅

圈椅

圈椅，宋代沿袭至今，宋人称栲栳样，栲栳就是圆筐的意思，宋张端义《贵耳集》中有记载。明《三才图会》则称之曰"圆椅"。在中国的家具史上，圈椅具有非常高的识别度。明式的圈椅多用圆材，扶手一般会出头（图15），不出头与鹅脖连作的很少见（图16、图17）。圈椅的圈鲁班馆匠师称之曰"椅圈"，清代《则例》称之为"月牙扶手"，它的造法一般为三接或者五接。

图15

图16　黄花梨镶嵌大理石

图17 罕见大型圈椅

交椅：圆后背交椅和躺椅

交椅，明代的交椅，上承宋式，分为直后背（图18）和圆后背（图19）两种。交椅在宋代由游牧民族的马扎演变而来，成为汉地最具创新意义的家具，遍布每个阶层，非常普及。在明代，圆后背交椅为显示特殊身份的坐具，多设在中堂显著位置，有凌驾四座之势，俗有第一把交椅的说法。入清之后交椅在实际生活中渐渐少用，制者日稀（明《麟堂秋宴图》，图20）。明代交椅也有躺椅的形式，并有"醉翁椅"之名（图21）（明仇英《梧竹草堂图》，图22）。

图18　直靠背交椅

图19 明 黄花梨圆后背交椅

第三章 明式家具的分类

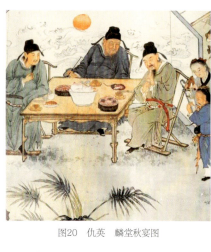

图20 仇英 麟堂秋宴图

图21 明 黄花梨交椅式躺椅

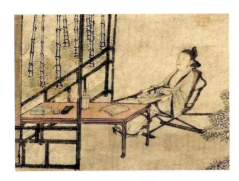

图22 明 梧竹草堂图

宝座

宝座，宝座是只有宫廷和官府以及寺院才有，而佛座毕竟和宝座有所不同，明代的宝座形象，今天主要在壁画和书画中才能看到，实物罕见。传世的明代宝座有硬木的、朱漆的、剔红的诸般实物（图23）。

在线课程视频观看

图23 铁力有束腰列屏式宝座

第二节　桌案类

明式家具的款型丰富，桌类的使用尤为繁多，每一个生活事件或文事活动往往都会有相应的桌案与之配合。桌案类包括桌子和几案，是五类中品种最多的一类。

将形制和功能相近的品种合并，分列如下：①炕桌；②炕几；③香几；④酒桌、半桌；⑤方桌；⑥条形桌案——条几、条桌、条案、架几案；⑦宽长桌案——画桌、画案、书桌、书案；⑧其它桌案——月牙桌（附圆桌），扇面桌案，棋桌、琴桌、抽屉桌、供桌、供案。

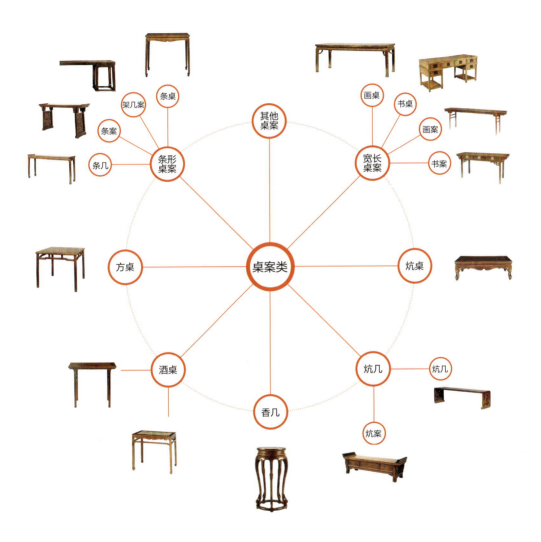

桌案类示意图

1. 炕桌

炕桌多在床上使用，居中摆放，以便两旁坐人，北方使用居多，南方在使用罗汉床时往往会配套用。炕桌分有束腰（图24、图25）和无束腰两种，以有束腰偏多。

图24 明 黄花梨三弯腿草花纹炕桌

图25　黄花梨有束腰炕桌

2. 炕几

炕几是放置于炕上之窄长短足的条桌。与炕桌类似,外形相对较窄,功用上主要为装饰陈设作用,顺着墙面放在炕头。炕几在明代画本中经常看到(图26)。

炕案可以相对于炕几来区分,主要区别在于形态和结构样式。根据王世襄先生对于明代"桌"和"案"的区分观点,案的形制其腿足不在四角,多用夹头榫式和斜肩榫式,由此可以认识炕案的典型形式(图27)。

图26 黄花梨炕几

图27 黄花梨三屉炕案

3. 香几

香几是明代绘画中出镜率最高的家具。香几体型修长，空间疏透，线条柔婉，是经过长期的实践和积累才能雕琢出的，经历了几百年的视觉考验，在古人生活的体验中体现着一种仪式的美（图28）。《明式家具研究》载："富贵之家，名人居所，或放置厅堂，或置中庭，或陈设书房，或设于户外，上陈香炉，焚兰煴麝。道宫佛殿，也设香几，焚香之外，兼放法器。"香几以圆形的居多，这与其用法有关，因为香几无论放在室内或者室外，总宜四无依傍，居中设置。所以它的形制适宜面面观看的圆形结体，于是圆形变成了香几的常见形式（图29、图30）。

图28 明 黄花梨方香几

图29　黄花梨五足带台座香几

图30　黄花梨五足蜻蜓腿花几香几

4. 酒桌、半桌

在古代，酒桌（图31）和半桌（图32）的主要功能都是饮酒用膳，一般都有拦水线[37]。

明代宴饮，往往主客共用一桌，人多则人各一桌，所以这类家具数量大增。至于多人围坐圆桌共同进餐，大约到清中期才流行起来。可见书画《韩熙载夜宴图》所绘（图33）。

37. 拦水线是指桌面边缘铲地而凸起的一圈线框。这样能将桌面内一定的水渍挡住，不让其直接流淌出桌面，影响人就餐。

图33　酒桌　韩熙载夜宴图

图31 明 黄花梨铁力插肩榫酒桌

图32 明 黄花梨雕龙纹石面马蹄脚半桌

5. 方桌

方桌一般分大中小三种尺寸。按北京匠师的习惯，约三尺见方、八个人围坐的方桌叫"八仙"，约二尺六寸的叫六仙，约二尺四寸的叫四仙。方桌用途很广，是人家必备之具，明代传世较多，常见的形式有无束腰直足（图34）、一腿三牙（图35）、有束腰马蹄足（图36）等三种。

图34 黄花梨无束腰方桌

图35 黄花梨一腿三牙方桌

图36 黄花梨有束腰霸王帐方桌

6. 条形桌案

凡冠以"条"字的，其形制均窄而长。桌案类中可分为三种：

条几：大都以三块厚板构成的长几（图37），现在许多地方也用于充当琴桌。

条桌：指腿在四脚属于桌形的狭长桌子（图38）。

条案：指腿缩进带吊头长案，腿缩进吊头里侧（图39）。架几案是特殊的一种，是指由几子架成的案（图40、图41）。

图37　黄花梨有翘头条几

图38 黄花梨有束腰三弯腿条桌

图39　鸡翅木翘头案

图40 黄花梨架几案

图41 黄花梨架几案（局部）

7. 宽长桌案

宽长桌案——画桌、书桌和画案、书案（图42—图45）。

凡书桌、书案宽度一般都够2尺半，太窄怕纸绢难以舒展，无法搦管挥毫。

书桌、书案何以长一些？在挥毫作画时作者往往会站立，桌面越空敞越好。所以画案、画桌都没有抽屉。"凡坐桌形的，即四腿在四角处；凡为案的，即腿足缩进，两端有吊头的叫画案。至于书桌书案必须有抽屉"。[40]

另外，如果采用架几案的形式，案面较宽，抽屉安在两个架几上，此种案子也属于书案，有时称架几书案或搭板书案。

这样的长桌案使用时一般纵向靠窗放，不但光线明亮，适宜书画创作和阅读，亦便于对面有人牵提纸绢。

40. 王世襄：《明式家具研究》，三联书店出版社，2008年，第73页。

图42　柏木霸王帐画桌

8. 桌案

桌案是生活中最基础的工具，随着人们生活方式的演变和创新，其种类也不断丰富，其他桌案，如棋桌、琴桌、供桌、月牙桌等。

图43　黄花梨书桌

图44　槐木平头式大画案

图45 书案

第三节　床榻类

从形制上区分，简而言之，只有床身，四周无板无碍的称"榻"；四周背及左右三面围板的称"罗汉床"；床上有立柱，柱子间安围子，柱子上承顶子的曰"架子床"。

明代的床榻，尤其是罗汉床和架子床，多带脚踏。

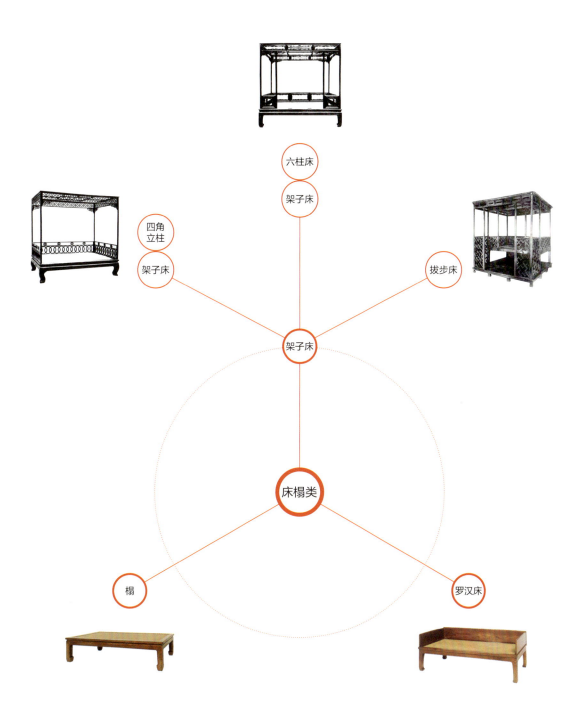

床榻类示意图

1. 榻

榻一般较窄，也被称为"独睡"，言其只宜供一个人睡。榻由床分野出来，在汉代出现明确的图像记载，具有深刻的中国文化内涵。古代的榻其功能与内涵随着时代不断的演变，不同的时期有各自的重点，唐宋时期的榻与宗教和文人关系密切，在两宋多为官宦家庭或文人雅士备之，造型上以仿古坐榻较多见，榻上放凭几、靠背和棋枰类。明代延续了这样的文人风尚，文震亨《长物志》中记载有"独眠床"之称。从留存的实物看，明代的榻实物多四足着地，带托泥的少。榻的使用不像床那么固定，也不一定放在卧室，书斋亭榭，往往安设，除了夜间睡卧外，更多用来随时休憩（图46）。

图46 明 黄花梨榻

2. 罗汉床

罗汉床的来由,有人认为与罗汉像的台座有相似之处,故得此名,在文献中并未有明确的记载,但从美学角度看,罗汉床确实有明显禅意,敦厚而又自在(图47)。

图47 黄花梨罗汉床

3. 架子床

架子床是有柱有顶床的统称，细分起来有四柱和六柱之别。最基本的样式是三面设矮围子，四角立柱，上承接床顶，顶下周匝往往有挂檐，或者称为横楣子（图48）。六柱床较为复杂，会在床延上加"门柱"两根，门柱与角柱间加两块方形的"门围子"，北方也成为"门围子架子床"（图49、图50）。还有一种非常著名的"拔步床"。拔步床的特征在于，多一层踏面层，在此之中再安置床板，结合床柱和边围子，犹如一个半开敞的房间（图51）。由此一层层的品类叠加和升级观察到，床是明代受关注非常多的一个品类。根据史料记载，在明清时期床属于家中最为贵重的家具，应是古人最重视的家具品类。

在线课程视频观看

图48　黄花梨四柱架子床

图49 黄花梨门围子架子床

图50 黄花梨六柱架子床

图51 黄花梨拔步床

第四节 柜架类

柜架类家具的用途，或以陈设器物为主，或以储藏物品为主，或一器二兼二用。

1. 架格

架格主体上一般非常的空旷，有层板将架子分为几层，没有门板，看上去非常空灵。在书房中放置书籍，陈设古董，布置装饰，非常有古意。架格演变的形式很多，有的附加抽屉，有的附加背板，还有的添加榻格，各式各样（图52）。

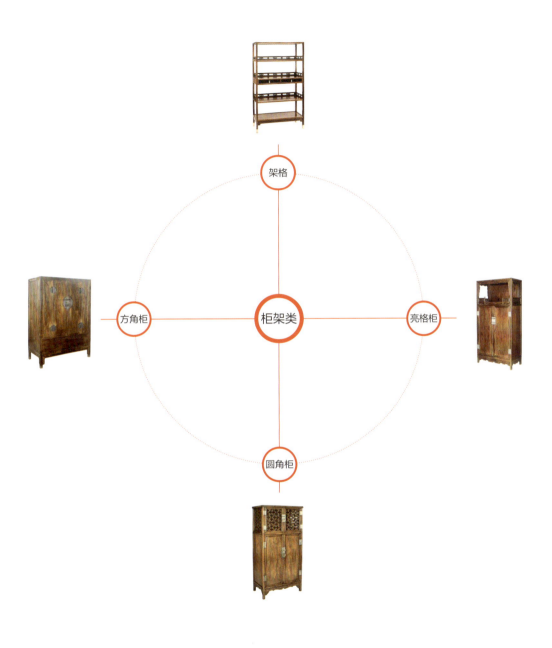

柜架类示意图

图52 黄花梨配乌木栏杆架格

2. 亮格柜

明代家具中，有一个品种是架格和柜子结合在一起的。常规上是架格在上，柜子在下。架格齐人肩或稍高，中置器物，便于观赏（图53、图54）。

图54　黄花梨上格券口带栏杆亮格柜

图53　黄花梨上格券口带栏杆亮格柜

3. 圆角柜、方角柜

圆角柜和方角柜是明清家具中非常独特的代表，它们的区分就在于有柜帽和无柜帽，有柜帽的是圆角柜，柜帽的转角多削去硬棱，成为柔和的圆角，整体光顺，因而叫圆角柜（图55—图57）。方角柜多用合叶安装门板，这样的柜子上角，多用棕角榫，因而外形是方的，所以叫"方角柜"（图58）。

图55　黄花梨圆角柜

图56　黄花梨圆角柜

图57 黄花梨圆角柜

图58 黄花梨大方角柜

第五节 其他类

还有一些不是像前几类属于生活的必备品而普遍存在，但能很好地反映那个时代丰富的生活情态和审美意识。

1. 屏风

屏风，在宋元绘画中，种类和外形丰富，但文献中屏风还是一个比较笼统的名称，还是泛指各种屏风（图59）。"到明代，'屏风'专指带底座的屏具，故其统计数量以座计；还有可以折叠的屏风，其统计的屏风，则以'架'计。"[41] 带座的屏风，有的上屏和底座分开，叫"座屏风"，有的上下可拆卸，叫"插屏"。

坐屏中有一种小型的，宋画中常有，放在床榻或桌案上，放在床上的或称"枕屏"，可以避视聚气；放在桌案上的或称"砚屏"，也常和其他玩赏物一起排放在条案上，虽然说是屏具，实际上已是一种陈设（图60）。

图60　宋人《荷亭儿戏图》中的枕屏（局部）

41. 王世襄：《明式家具研究》，生活·读书·新知三联书店，2008年，195页。

其他类示意图

图59 黄花梨镶大理石插屏式座屏风

2. 橱

门户橱，又叫闷户橱，因为下面有闷仓，可以存放东西，因而这样称呼。门户橱中两个抽屉的叫二联橱，三个抽屉的叫三联橱（图61），单个抽屉的叫柜塞，柜塞在北方经常放在中等大小的顶箱柜中间，一起放在山墙处，上面放画或是放在有床的墙壁处，不会挡窗，因而唤之。

在过去，人家嫁女一般都有一两件门户橱作嫁妆，所以此时橱又被称为"嫁底"。明式样家具的名称既说明其生活功能，又能体现出当时的民俗。

图61　黄花梨联三橱

3. 箱

箱：分小箱、衣箱、印匣、药箱、轿箱。

小箱传世不多，多为黄花梨，紫檀次之，其它硬木的较少，从尺寸形制看，当时主要用来存放文件薄册或珍贵细软物品（图62）。衣箱用来放衣物鞋靴和穿戴用品（图63、图64），朱檀墓出土的龙纹枪金朱漆盝顶衣箱（图65），盖下有平屉，下部侧面设抽屉。这是一件明初有确切年代的家具。

药箱是很特别的物品，正面梁凯门或插门，适宜分屉储放多种物品。惟有《鲁班经匠家镜》名为药箱（图66）。药箱分方脚和提梁两种。在明代名人的好尚中，有的药箱中会陈设乌斯藏佛一尊。

轿箱是明清官吏专门在轿子上使用的箱具（图67）。两侧下端有缺口刚好卡在两根轿杠上。从功能上推测主要用于保管当时的公文奏折。

图62　素小箱

图63 黄花梨衣箱

图64 黑漆衣箱

图65 朱红漆枪金龙纹箱

图66 黄花梨药箱

图67 黄花梨轿箱

4. 提盒

提盒,从文献和图画资料看,提盒在宋时已流行,主要用以盛放酒食,便于出行(图68)。明人喜爱接近自然,经常有室外雅集活动,这类的器物使用很频繁,明朝画作《麟堂秋宴图》中有出现。《鲁班经匠家境》有《大方扛箱》(图69)和《食格》(图70、图71)两式的记载。

图68 紫檀提盒

图69 大方扛箱（清）

图70 食盒（打开状态）

图71　食盒（关闭状态）

5. 镜架、镜台、官皮箱

镜架是一种梳妆用具，多做折叠式，宋代已流行，分为折叠式（图72）、宝座式（图73）、五屏风式（图74）三种。

官皮箱传世实物较多，形制尺寸差别不大。名称从何而来还有待考证（图75）。

图72　黄花梨折叠式镜架

图73 镜台

图74　黄花梨三屏风式镜台

图75 黄花梨官皮箱

6. 衣架

明代的衣架，据《鲁班经匠家镜》记载和传世的实物看，有素衣架（图76）和雕花衣架（图77）两种。

一般的样式用两块横木作墩子。上植立柱，每柱前后站牙抵夹。两端之间安放横直材组成的棂格，使下部连结牢固，并有一定的宽度，可摆放鞋履等物。其上加横枨和由三块两面透雕凤纹绦环板构成的中牌子，图案整齐优美。最上是搭脑，两端出头，立体圆雕翻卷的花叶纹。凡横材与立柱相交的地方，都有挂牙和角牙支托。

还有一些日常物件非常有趣，如非常有中国特色的民俗物品面盆架，还有高足面盆架（图78、图79）、火盆架（图80）、灯台（图81）、枕凳、滚灯等。

概括地说，明式家具的品种从沿袭宋代的款式到明代的增速发展，尤其是硬木家具的种类是一个上升与扩充的过程，在经济发展的推动下，人们物质和文化生活需求增长，江南一带文化风雅和文人所带领的生活风尚，给明式家具注入了一股东风，使其成为上至帝王，下至寻常人家都喜爱和争相追捧的生活艺术品。

在线课程视频观看

图76 黄花梨衣架

图77 雕花衣架

图78 黄花梨面盆架

图79　黄花梨高面盆架

图80 黄花梨火盆架

图81 黄花梨灯台

第四章

明式家具的结体和榫卯结构

在使用木材构造家具和建筑的文化中，中国的木连接技术被很好地记录下来。其包含了数百种连接方式，从距今七千年前的河姆渡遗址中发现的简单的榫接合到明式家具复杂精致的榫卯结构，中国人在过去七千年中一直沿用这样的方法，并不断地进行改进和创新。

第一节 明式家具结构的演变

从席地而坐到垂足而坐的生活方式的演变对传统家具结构的变化产生了深远的影响。首先，高型家具出现后，对接合部位的力学性能提出新的要求，因此需要强度更高的材料才能承受荷载。其次，大凡强度较高的木材都脆性较大，对加工的精确性要求较高，榫卯必须做到适当的公差配合，如果榫大眼小，装榫时用力过大则易开裂，榫小眼大则易脱落；再次，家具的品类增多，使得结构种类增加。即使是相同部位的结构，也因家具品类的不同而有不同的处理方法。床、椅子、柜类的门板都是攒边打槽装板结构，但接合部位处理有相应的变化。床的框架较宽，常采用保角榫。椅子一般使用夹角榫结构，柜类门板横竖材的连接多使用揣揣榫结构。在早期的家具中经常可见出头榫，这种结构保留着做大木梁架的特征，课程所示为河北宣化下八里辽张文藻墓出土的椅子，三个方向的构件互相搭嵌，是当时具有代表性的建筑中木梁的结构。它是一种较早的手法，在明式家具中仍然留存的是管脚枨的做法。管脚枨不但用明榫，且出头少许，坚固而不觉得累赘。在明代早期家具中多见明榫，也称过榫，即眼打穿，榫从眼中穿出来与外边平，在外侧面可明显见到榫头，榫头中间还可见到木销的痕迹，其优点是榫头深而实，可在榫头中间加木销，即使木材收缩，榫也不会脱落。这种结构弥补了古代加工技术、加工工具和粘合剂的不足。明代后期及清代初期开始使用暗榫，直至近代几乎全用暗榫。其优点是美观，不影响木纹的整体效果，缺点是容易产生虚榫，即眼深榫短，或眼大榫小，用胶来填塞，影响接合强度和耐久性。在林寿晋先生《战国细木工榫接合工艺研究》中展示了 14 种榫卯结构的形式，结构大部分以直榫、圆棒榫和燕尾榫为主。

敦煌 85 窟壁画《庖厨图》中的高桌、架格，当时桌子用料普遍较大，图中腿与座面的连接仅为直榫插入，没有横向联系，直至宋代之后才开始在桌案上出现夹头榫结构。明中期之前，内胎为银杏、松木等软质木材的漆木家具仍然流行，因为木材较软，榫卯内部还不能做各种互相勾连的精巧细致的造型。明中期之后，人们以使用硬木家具为风尚。范濂《云间据木抄》中提到："细木家伙，如书桌禅椅之类，余少年曾不一见，民间止用银杏金漆方桌，自莫廷韩与顾、宋两公子，用细木数件，亦从吴门购之。"硬木材料的应用丰富了家具的种类和款式，使许多精致复杂的结构成为可能，榫卯结构的类型进一步丰富。

河北宣化下八里辽张文藻墓出土的木盆架显示了早期弧形弯曲接合的形式。弧形弯曲连接常应用于圈椅的扶手、部分圆形桌几的面板框架连接。这个时期弧形接合的做法是两个构件各出榫卯。但这种连接方式不能限制前后方向的移动。

虽然这只是中国家具榫卯的初级阶段，但体现了当时中国在木器制作方面的先进思维，具有很好的研究价值。

中国传统家具到明代至清前期发展到了顶峰，这个时期的家具，采用了性坚质细的硬木材料，在榫卯制作上也发展得严密精巧，登峰造极，以至于许多家具能传世至今。这些家具构件之间，通体无钉，单凭榫卯就可以做到上下左右、粗细斜直，连结合理，面面俱到，扣合严密，间不容发，常使人喜欢赞叹，有天衣无缝之妙。接着王世襄先生的这段赞语让我们进入下一段讲述，传统家具的关键——榫卯。

在线课程视频观看

第二节　明式家具的榫卯结构

一、榫卯的含义

榫卯是中国古代家具和建筑的主要结构方式，是中国家具中的一个秘密。中国的榫卯体系作为东方造物特有的技艺，无论是从功能的角度还是美学的角度，都具有非常高的研究价值。

1. 盈虚互补

榫卯是出自中国，在中国营造学社所整理发表的清代编写的《哲匠录（续）》第一章《营造》中有对榫卯的注释："以虚入盈谓之卯，以盈入虚谓之榫，亦曰笋。"这里道出了在木制构造中结合的本源。即是由事物的互补而融合为一体。用科学的语言解释可以理解为，利用木材的纤维强度和相互摩擦力而形成的结构形式，突出的为榫，凹陷的孔为卯，两者插入获得紧固。相比之下，中国古代在营造中对榫卯的理解其核心强调的是两者融合为一的状态，而非仅仅工具理性下的机械美学。

在线课程视频观看

榫卯结构的智慧支撑了中国传统家具的基本框架，王世襄先生在《明式家具研究》中也有极高的评价，他说："中国传统家具从明代至清前期发展到了顶峰，这个时期的家具，采用了性坚质细的硬木材料，在制作上榫卯严密精巧……各构件之间能够有机地交代连结而达到如此的成功，是因为那些互避互让、但又相辅相成的榫头和卯眼起着决定性的作用。"可见榫卯之于传统家具的核心作用。

2. 圆合纹顺

中华木作的榫卯皆对应木性而存在，这种木的活性构造并可拆装的工巧系统才是真正的中华榫卯。

中华榫卯讲究"圆合纹顺"。即榫卯外表没有木材的断截面，只有顺向木纹外露，把连接结构的榫头与卯眼包裹在连接节点内，可以有"榫卯内部与榫卯外部"之说，榫卯外部"圆合纹顺"为整件家具的"中和圆通"提供作法上的支撑。个别榫头的明榫（出榫）是特殊要求，另议。

今天，人们虽然无法准确地探知榫卯发展的历史，但可根据家具榫卯遗存，结合木性来分析榫卯的内在特征以及榫卯与榫卯之间的组织关系。

一件家具的榫卯是相应的，有多少榫必有多少卯，可以说是一个大家庭，分别散落在各个不同的部件上，框杆、条杆、蕊面板、直根、腿足与搭脑，关系多样，彼此互为榫卯。一般来讲，榫必在杆材的端头，卯未必一定在杆材中段，如面框的边抹格角其卯眼就在抹材的端头上。

3. 榫卯连接形式

（1）顺纹（平行）连接，即材与材纹理的同一方向的连接。（图1）

① 顺纹拼板，即板与板的凹凸槽接，如龙凤榫接等。
② 接材延长，材与材顺纹同向的端尾咬接，如锲钉榫等。
③ 顺纹拼材，材与材的合并连接，如栽榫连或走马销等。
④ 材板槽接，大边与面板的凹槽嵌接，如落槽连接。

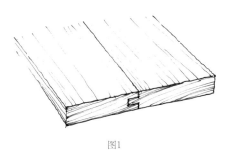

图1

（2）成角连接，即两材垂直或成角的连接。（图2）

① 边与抹的端端连接，边抹相连，如格角等。
② 材与材的端中连接，杆与根的成角连接，如直榫等。
③ 材与材的中中交接，如十字根、六角根等。
④ 板与板的端端交接，即折角板连接，如斗（齿）榫。
⑤ 材与板的槽接，即抹头与面板的凹槽舌簧吻接。

（3）一木与两木或多木的顺向叠合榫卯，如穿带的一穿多板的连接，实质上也是一种成角连接。（图3）

（4）一木与两木或两木以上的复合榫卯连接，是两个或两个以上的榫卯组合，是"三维一角"的形式，即立器的结构榫卯，称为"制位榫卯"。（图4）

图2

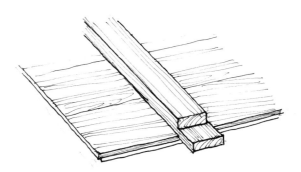

图3

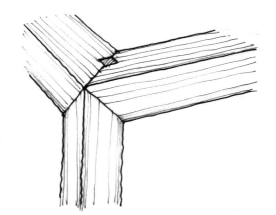

图4

第四章　明式家具的结体和榫卯结构

二、家具榫卯受力分析

1. 强卯弱榫

榫卯之间的受力有：

① 牵拉力（纤维长度）；
② 抗折力（纤维韧性）；
③ 摩擦力（纤维棕孔等）；
④ 凝结力（密度结构）。

①②③是榫材（榫头）的力因；③④是卯材（眼）的力因（图5）。

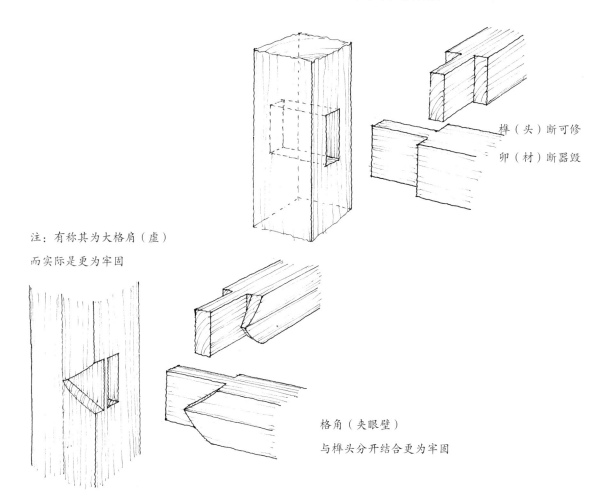

强卯（材）弱榫是常识

榫（头）断可修
卯（材）断器毁

注：有称其为大格肩（虚）
而实际是更为牢固

格角（夹眼壁）
与榫头分开结合更为牢固

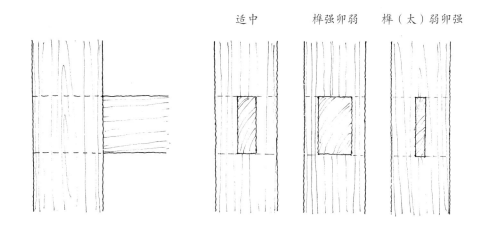

明榫，即出头或见头者；榫长而更牢固，杠材径细者、多用明榫。暗榫，凡不出头且不见头者，即暗榫。

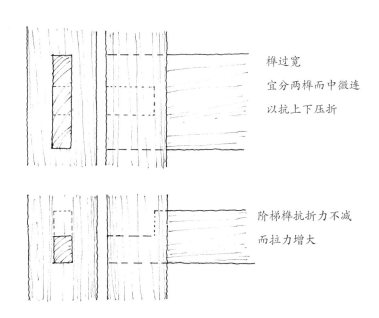

榫过宽
宜分两榫而中微连
以抗上下压折

阶梯榫抗折力不减
而拉力增大

注：明榫可用"刹针"（外塞片）以加固
暗榫可以"内垫塞"以加固

图5

就同种木材而言，榫与卯因榫卯结构形态不同而相互产生的固力也有所不同。理论上讲，榫与卯相互受力均衡时，这对榫卯才最为牢固。但从实物出发，就整体家具框架而言，榫卯往往是"强卯弱榫"，因为卯眼较多的材杆往往都是家具的主材，即主要部件，主卯材若断裂则器毁（无法修复），比如椅子的后杆就是主材（图6），从上至下卯眼众多，其中段卯眼的宽窄必须充分兼顾整个后杆的牢固强度，它一旦损坏，对整体有巨大的损害，宁可其他的连接榫件先牺牲，所以好的平衡状态是"强卯弱榫"。这与建筑角柱框梁的"强柱弱梁"是同一个道理，就像"三维一角"的棕角榫结构，必须充分考虑三材的受力均衡。（图6）

榫头与卯眼的大小、厚薄、长短、宽窄、深浅，皆与杆材的宽厚有关，也与榫卯部位有关，榫（头）过厚，则卯（眼）相对过大，两侧的眼壁就会过薄，卯材杆就易断；反之，榫（头）过薄，卯眼小了，卯材杆虽然强，但榫头易折断；较为适合的榫卯的榫头厚是卯材厚（径）的四分之一稍上。面框边抹的榫与卯虽然要求受力均衡，但榫头仍然不宜太厚，榫头厚在边抹材厚的三点五分之一到四分之一之间为宜，而且榫头的宽度也不要太大，以边抹材宽的七分之三左右为宜。古人根据世世代代的实践与经验，总结了很多常规的榫卯尺码，并以此规范研制了多种不同分宽的凿眼刀具。

在线课程视频观看

图6

2. 榫卯"制作八要"

剖作榫卯有"八要":①悉木性;②究构造;③精分寸;④觅纹顺;⑤求严密;⑥忌死锲;⑦可拆装;⑧易修复。真正的传统榫卯必须有紧固受力的面,也就是"紧头"。榫卯结合处"紧头"不是四面皆紧,而是依卯材纹理方向,在眼内的两端窄的截面上,而在眼内的两侧宽壁面要相对刚好贴合,俗称"恰合",不可太紧,否则卯材易裂。

传统做法中每对榫卯必须要有"紧头",现今有所谓"改良"榫卯和机械榫卯,不用紧头的,其实质是在常规材径的单榫厚度内改作双(层)榫,以增加咬力和含胶面。然而,多层薄片的榫头在设计时不涉及日后拆散修复的考虑,这样利于机械化生产(图7)。

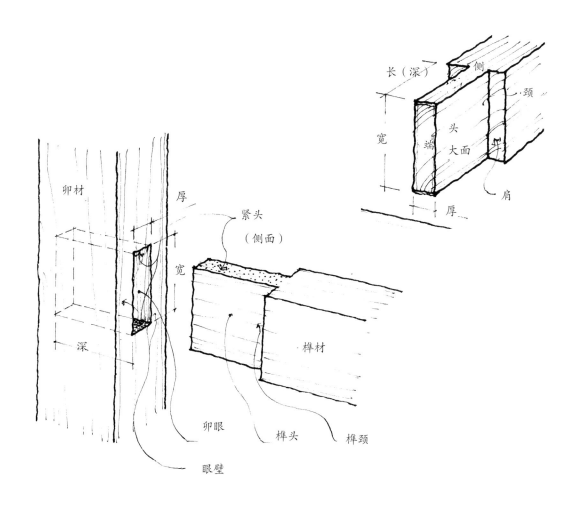

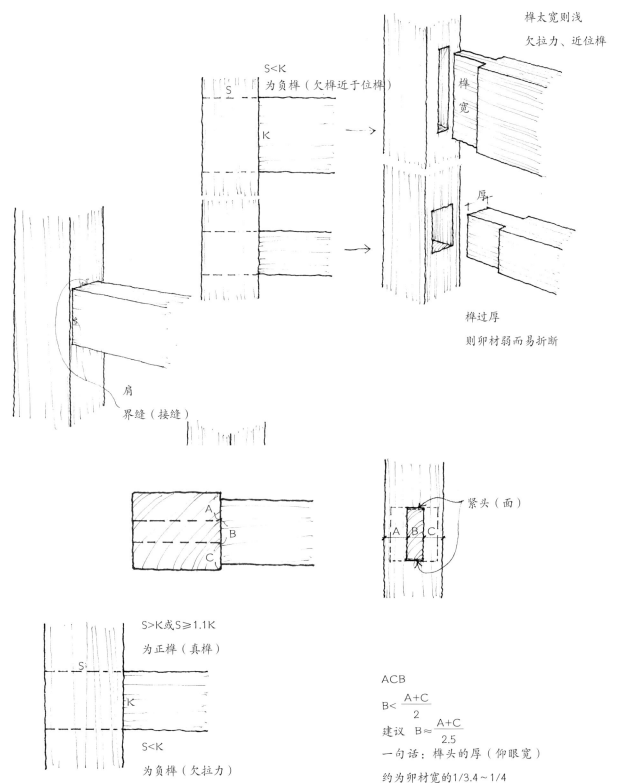

图7

三、家具榫卯结合的逻辑方式

1. 榫卯形态与木性

中华榫卯的基本形态为什么是方形,这要追究到对木性的认知上。木材有千万种,不同种类的木材有不同的特性,但它们有一个共性,即生长性。它们根扎大地而接受阳光,有木纹棕孔和生长方向,随年月变迁而增长增粗,纹理结构是生长方向的纤纹牵拉力强,而截面方向纤纹易裂,所以榫头的造型首先要兼顾卯眼深度和榫能进入的粗度,由此可知榫头的形状需要能适应生长纹路,符合顺纹的的优势。

对于每块木料而言,生长的纤纹与增粗的截面纹(年轮)在自然状态下有三种不同的变形维系。

① 自身木性的变形,即成材(树木死后)的惯性"生长",其纤维纹值较为恒定,而截面纹值有变大或缩小的变化。

② 因环境温度的热冷而产生的木材的均衡变形,或增大或缩小,纤纹与截纹一起变化,与其他物体一样,向四面八方热胀与冷缩。

③ 因环境的干湿而产生的缩胀变化,分为均匀干湿与风向干湿。均匀干湿是因长时间的湿热而产生的木材的均衡变形,但主要表现为截纹(年轮)增粗,而纤纹长值不会变化。风向干湿是因流动有向的干风或湿气而产生的木材变形,是不均衡的受风变形;木材的受风侧(或端截面)变化大,而不受风部分却不太受影响,也就是通常说的"翘曲"。

榫卯木性要点：

对于榫卯作法而言，材性的基本要点有二。

① 顺恒截变，即纤维纹长（顺纤维纹方向的长度）相对稳定，而截纹径（截面方向的尺寸）伸缩变化大。

② 纤纹牵拉与截纹易裂，所以榫头的造型首先要兼顾卯材的眼壁不裂开，即榫头与卯眼的"紧头"不能设在卯材眼的宽壁，而只能是另两端窄面，所以榫头以方（矩形）为好。另外，从家具的线型构造上看，因条杆形状与受力要求，榫头作成方形，既可有效地保持卯材眼的两壁厚度，保护卯材的抗折牢度，又可使榫头矩方后，榫材的纵向抗力增强。

古代榫卯创造，均以此木性原理而展开。不同的家具器型、构造形态以及各部件造型等，形成了上百种不同的榫卯连接作法。

榫头与卯眼不同形式的结合（受力），有其不同的紧固方式。现归类为二十四式。

阴阳相合的中华榫卯，是中华民族顺应自然与熟知木性后的创造。传统家具的框架结构依托于榫卯结构的进步而演化。同样，构造框架的演化又给榫卯结构的技术改造提出了新的要求。从原始先民的耕作建屋，到先秦战国，直至两汉、晋、唐、宋、元等，中华民族对木及榫卯工艺的认知不断地深入与完善，直至明代引入了南洋硬木，人文、技术、材料三位合一，榫卯技术工艺达到了灿烂多彩的巅峰，结构合理，工艺精巧，为明式家具的鼎盛辉煌提供了技术支撑。榫卯之阴阳有两层概念：一为两者互为凹与凸，二为木纹之顺与截，即大部分榫卯的两材（或三材）结合后的木纹都是垂直（或成角）关系（只有个别的两材木纹是同向平行的）。

乔子龙先生在其著《匠说构造》中将家具榫卯归纳为五类二十四式，我们在此借鉴了其中的内容，归为四类。从内在施力方式上认知与解读，并在新技术运用中进行改造与创新。

此四类为：

① 基础榫卯，用于软、硬木家具及其他木构。
② 常规榫卯，通用于传统硬木家具的常规结构。
③ 制式榫卯，在经典形制中对应使用的标准型榫卯。
④ 特殊榫卯，针对新形态下改造成的特殊木构榫卯。

2. 榫卯的"二十四式"

榫卯对其投装方向和受力结构性质进行归纳和区分，内在结构方式可归类为"二十四式"，以供参考。

基础组：直、斜、栽、闷。
常规组：槽、插、穿、契、带、靠、位、夹。
制式组：扣、卡、互、挂、抱、格。
特殊组：交、抹、斗、销、锁、结。

基础组：

直：榫材与卯材呈"丁"字形，即垂直关系。直榫平肩或齐肩，榫头或出或闷，是所有木材构架的最基本榫卯连接方式。（图8）

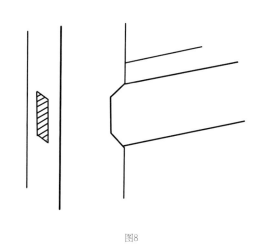

图8

斜：榫材与卯材（指木纹）是斜角关系，或锐角或钝角，卯眼与榫肩均非 90° 连接；另有榫材与卯材虽垂直，但卯材扯转斜肩的榫卯连接（图9）。

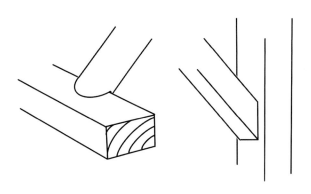

图9

栽：两材杆都要凿眼对合的平行拼接，中间另设小榫顺纹栽入连接，一般情况下，小栽榫头一深一浅（图10）。

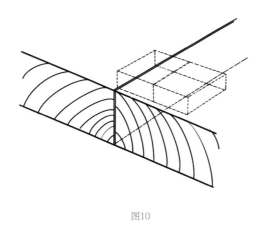

图10

闷：两材格角或弧接，两材都要凿眼，"凹槽"另作一键式小木块横（纹）向闷入（图11）。

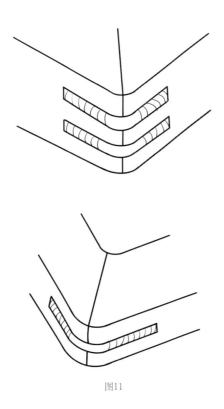

图11

常规组：

槽：两材同向或垂角，卯材凹槽与榫材凸边（舌簧）的相接，板与板或板与框杆的凹凸拼合（图12）。

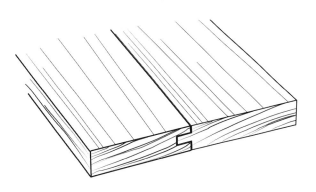

图12

插：燕尾凹槽类的有向插入连接，即投装时必须先对准就位后再往一边插紧，除固定位置外还具有拉力（图13）。

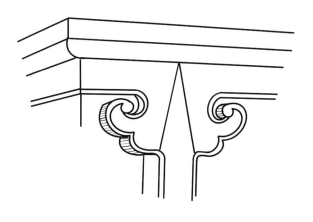

图13

穿：甲材穿过乙材而与第三材相连接，而乙材基本是限位不动。若甲材在穿入乙材区间内需要稳定，则另加楔钉，但其主体榫卯的结构性质仍是"穿"（图14）。

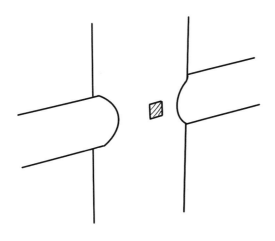

图14

契：两材均出榫，榫头与榫头相互契吻，各部位分别交于第三材同一卯眼内的拼合连接，两榫头有明榫和暗榫之分（图15）。

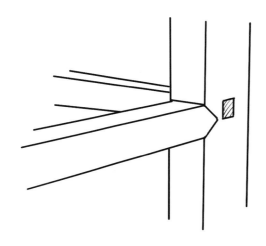

图15

带：多个板块拼接时，在其背后开燕尾槽并加条杆（图16）。

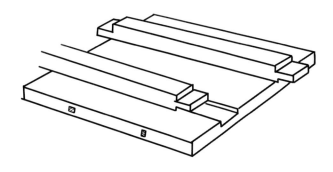

图16

靠：竖向背板与其背后横向背杆的相靠相连，杆靠相锲（图17）。

图17

位：仅作定位的凹凸活络连接，无须常规榫卯的紧固或严密，如门轴或不滑移的门闩及抽屉下活络滑道等（图18）。

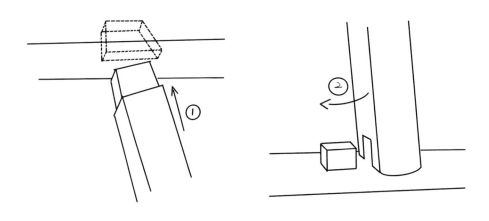

图18

夹：两材呈丁字形连接，甲材榫头呈鸭嘴状，一主一辅、一内一外，主榫入眼辅"榫"在乙材眼的外侧相夹，外面的辅榫仅有主榫一半左右（图19）。

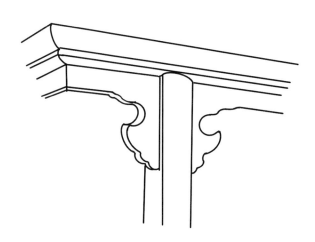

图19

制式组：

扣：两材（托泥）格角连接时，在预留的上小下大头的孔内扣住垂直的第三材（腿足），先将腿足下的小方锥榫头定位，然后再将两材格角榫卯结合并扣住腿足（图20）。

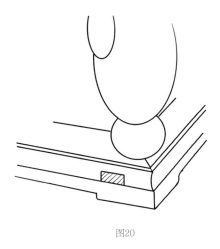

图20

卡：边抹两材水平格角时，在预留的孔洞内，穿入并卡住第三材竖腿，使其上下左右不可转动或移动（图21）。

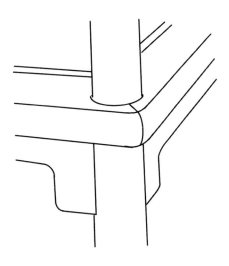

图21

互：两材榫头与榫头相互咬吻并加锲钉（图22）。

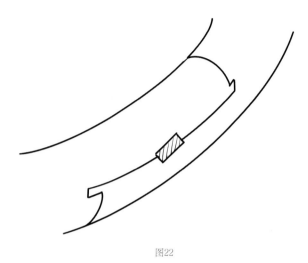

图22

挂：桌床等牙板端与腿上端的格角内部结构，其牙板端内作燕尾凹槽，由上而下挂插而入（图23）。

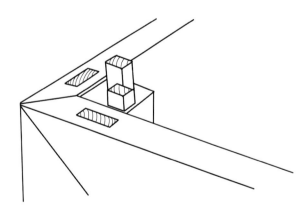

图23

抱：牙板与腿上端的挂插相连，牙板榫端头下的"小三角"被腿的上端遮盖抱合（图24）。

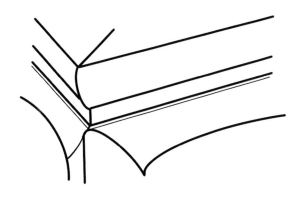

图24

格：两材成角或垂直且合一角的榫卯连接，即格角榫，其内部有多种构造（图25）。

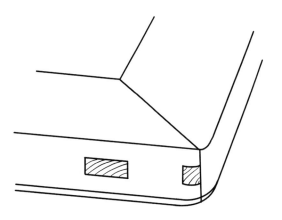

图25

特殊组：

交：两材定位后的"十"字交或成角交，有固定交合和活络交合两种（图26）。

图26

抹：木条杆与厚板端头的封边相连，面框抹头也是其中的一种，更多的是指板材端的封边作法（图27）。

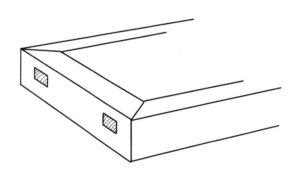

图27

斗：板材与板材的齿状相咬合，可垂直成角咬合连接，也可两板顺纹延长的端尾咬合连接，斗齿一般呈燕尾状（图28）。

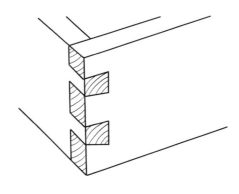

图28

销：甲乙两材顺纹的活络拼接，即另作键式小条杆一头栽入甲材后，另一头销入乙材横移收紧，也可反向松开，如走马销等（图29）。

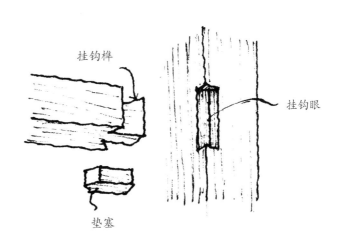

图29

锁：一材或两材相契于第三材卯内，再用锲钉锁住，如霸王根挂钩下的垫塞锁等，一般的锁不可拆开，必须损坏锲销方可拆散（图30）。

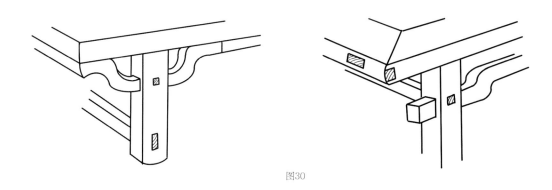

图30

结：三材之间相互垂直关系的三维合一，且为相互契合的结构榫卯，甲乙格角后第三材插入并使甲乙契扣不散，三材结构受力均衡强而不衰（图331）。

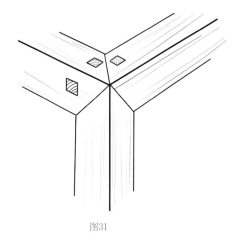

图31

上述榫卯有其不同投合原理，并可衍生出上百种不同的榫卯作法。中华榫卯不单是材与材的技术接合，实现接合中的稳固与紧密，更是在尊重和发挥自然木性的前提下，实现道法自然的智巧境界。在美学上则追求不露端截、纹顺尽显、外柔内刚的结体效果。后述会以四类二十四式为纲目，详细介绍常见的卯榫结构样式。

四、家具榫卯的要义

1. 一榫带动整器

在讨论传统家具时往往会提及其与古代木构建筑的关联，从明式家具成熟的时间看，确实是滞后于古代木构建筑成熟期，下面从匠作技法上来比较分析两者的异同。

中华木构建筑，其建造原理不同于西方，在地面下的基础结构与地面上的木构没有构造性的连接，只在基础形成后，立柱（如柱础等）砌墙至楼板或框梁或屋面，建筑结构体系要设在屋面的梁架与柱上端部位的，而柱下（柱础）与地面仅为墩位固定关系，犹如一座木构建筑放在了地面的基础上。这种上部的梁架与柱的结构体系，形成多种结构形式，如硬山、悬山、歇山、卷棚、庑顶、重檐与蠡顶、圆顶等不同的单元结体。这些单元结体形式可以独立，也可以在一整体建筑上将两个或两个以上的单元结体进行组合，形成新的多元结体。同时，这些单元结体建筑之间又可以来选用不同的连接形式，形成多样的群元组合关系，这样的建筑关系体现古代人文等级所需主次尊卑。

这些结体形式各异的建筑群，虽然高低错落，开间进深不同，但经有序的排列后，丰富多样，各个结体之间相互呼应，和而不同。和而不同的特征体现在悬山、歇山、卷棚、庑顶、重檐等这些木构建筑的"制式"上。与西方或现代建筑结构体系截然不同，这些制式都集中在上部其梁架与柱及建筑支立的结构体系中。

传统家具中，木与木的连接并非单纯的甲乙关系，而是多根木料间的重合投装关系。这些重合榫卯关系有着内在的构造法式。其复杂程度工艺与木构建筑既类似又有所不同，从整体看归纳为以下三个明显的区别。

① 用材区别

在用材上，中原及黄河、长江流域的茂盛软木，在投榫中有挤压伸缩的形变余地，吻合了木构建筑构造精密的需要，也说明"建筑制式"的用料相对粗软硕大，加工精度相对有限。梁柱穿插虽然"复杂"，但榫卯内部连接的方式统一，属于家具中的"基础榫卯"，建筑整体计算精密度在于对多部件的统筹协调要求高，而具各部件的穿插方式则要求简易。由此，适用于建筑构架的软木则不适应木作家具"制式榫卯"发展，节点内部无法制作精巧复杂的构造。

② 静态稳固与动态稳固

木构建筑与木作家具在榫卯构造使用的针对性上有本质上的不同。相对于木构建筑，家具构造偏向动态稳固设计。"筑制"在木与木插榫接卯后形成的大屋盖，上面有大面积的瓦面，利用屋盖和梁架的自重形成静态的结构稳固。静态稳固的状态下，悬挑的屋檐飞角和斗拱穿梁，能发挥重力作用平衡并加固梁柱与屋面的稳定。

斗拱虽复杂，但主要是层层叠加搭接组合，逐层放大，整体构造复杂在于排列组合，木与木凹凸衔接的技术相对是重复的。然而，家具外部结构看似单纯简洁，内部凹凸衔接多重设计，要求密实准确，要充分考虑使用中各种方向受力下的动态稳固，还要预先考虑木材胀缩变形的疏解和限制，相比较而言，这对榫卯设计提出更高的要求。

③ 一榫带动整器

当然，木构建筑要求具备抗震抗风的侧向受力，但建筑榫卯总体上在于框架整体受外力，不会出现单个梁或者柱承受整体重量的情况，所以榫卯的样式相对统一规范，平均排布，制式发展趋势相对简单和统一。木作家具则要求兼顾人体重力与使用中的多种受力，甚至会翻滚成底朝天，一只腿着地或者一个部件承受全身的重量的情况也比比皆是，这就对局部的榫卯提出高品质的要求，可以说需要"一榫来带动整器"，这时对榫卯的性能要求非常高，相对于建筑梁架而言榫卯设计制作的精密度要求更高。

在这样形势下，榫卯制式呈多种多样的发展趋势，也因此衍生出丰富的结体制式。例如，经过千年的演化，传统家具面框与腿形成了的"三维一体"结体形式（即桌面和腿形成的三角体构架），在发展过程中又演变出束腰（图32）、四（面）平式（图33）、无束腰等多种典型的应用形制。

因此，木构建筑是型繁而工糙，木作家具是型简而艺精，它们原理相通，但制式发展方向不同。

图32 束腰式

图33 四面平式

2. 榫卯投榫思维逻辑

中华木作榫卯，在由简到繁、由粗到精的进化中，榫卯的渐变支撑了家具形式的发展，同时家具的渐变发展也在要求并推动着榫卯的工巧进展和技术优化，对榫卯发展不断地提出新的要求。

就单件家具的构造而言，其内部有很多个榫卯，这些榫卯以"节点榫卯"为核心。在这些分布中，榫卯的投合方向与拆装顺序，决定着成器后的稳固并防止其在使用过程中脱散。三维一体节点中，束腰器的牙板非常能说明"守"的逻辑，通常清况下，腿上端牙板向腿投榫方向的有两种选择，一种是由上而下的垂直挂槽式的"抱肩榫"，另一种类似于格角榫（暂名为"接角榫"）（图34），这里也分水平方向投榫的抱肩榫（图35）和竖向投榫的抱肩榫（图36）。垂直与水平的不同投榫方向，又与腿顶端和桌面边抹下的短双榫形成组合。从结构学上讲，在腿与桌面抹格角的投榫与腿及牙板投榫两组关系上，上下两组投榫同向关系榫卯的稳固度，肯定不如上下两组投向垂直关系的榫卯稳固度好。

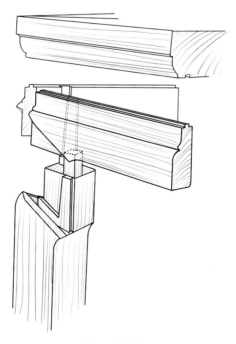

图34　接角榫

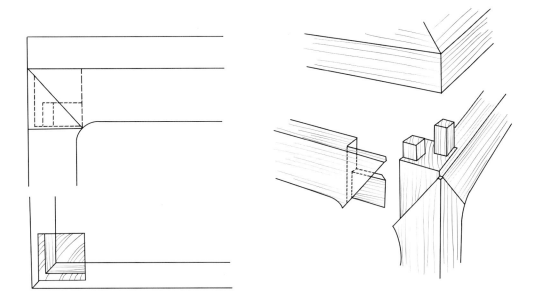

图35　水平方向投榫的抱肩榫

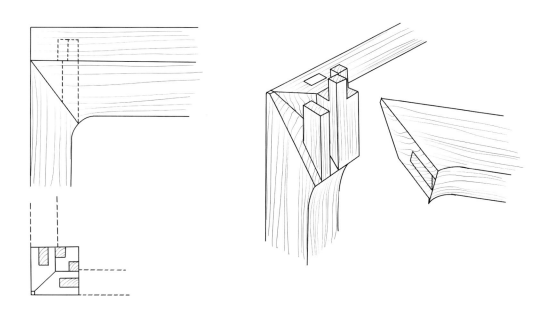

图36　竖向投榫的抱肩榫

然而，在增加横帐的情况下又不同，这时则是垂直竖向的抱肩榫好，因为杖的投榫方向只能是水平横向，抱肩榫是垂直向的，上面边抹格角下也是垂直向的，形成两竖一横力向，两个相对较"弱"的垂直向榫与一较强的水平向榫之间又有一定距离，并依此距离形成较为结实的"力矩"。（图37）

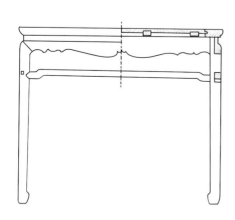

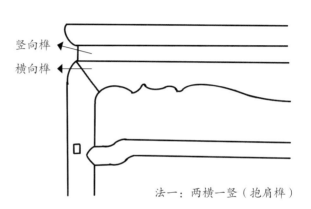

法一：两横一竖（抱肩榫）

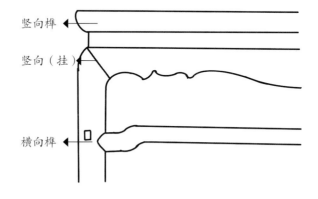

法二：两竖一横（挂肩榫）

注：
通过比较，法一相对法二结构更为牢固。

图37

古代很多经典的文房束腰条桌，往往不用横枨，以求简洁隽秀，有用霸王枨的一般是低束腰，没有霸王枨又不用横枨的，基本上都是高束腰。

束腰器抱肩榫式的"节点榫卯"为整器的核心。榫卯设计的关键在于它的投合方向、力臂组合、拆装顺序，直接决定着成器后的稳固和制约其在使用过程中脱散。以此逻辑，可以发展出多样的束腰榫卯节点和器形。

江南民间很多方裹腿束腰桌，是先将牙板及中间的矮老呈"架片"状，然后多做挂肩膀式同时投于腿的上端，形成两竖一横的力矩组合（图38）。

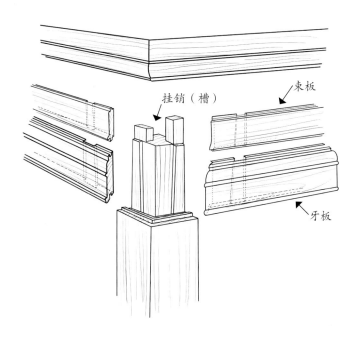

图38　内槽挂裹腿榫

也有将束腰板加厚，并于腿端位凿眼或开竖向燕尾槽，由上而下的投入，强化竖向力矩，使腿更稳固。这样的制位结构即"一腿七"，上层边抹，中层两束腰板下层两牙板，一加六的七材组合，再加之下面的横杖是一加八的九件组合。其投榫顺序由下往上分别是横、横、竖、竖（当然边抹已提前组合）。进一步说明，投榫顺序与多级力矩的凝结力是榫卯作法的关键，要装得稳固、拆得合理（图39）。

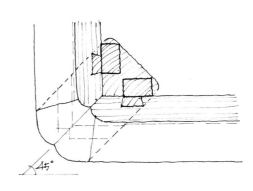

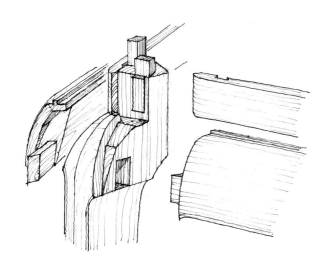

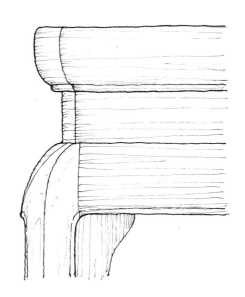

图39

3. 榫与卯之间的默契

榫卯，以结构合理、工艺精良、合缝紧密、界缝美丽、木纹圆通为世人称道。

如果说牢固是家具榫卯的基本追求，那么明式家具榫卯的"紧密"在匠师那里就有着很多秘而不宣的学问。在榫卯内部的榫头与卯眼中，"头与眼"的紧密是依托木性而存在的，受力面的位置与木纹决定着牢度。如最普通的长方形眼，根据木作的基本特征，卯眼受力面不能在两侧面间，只能在两端面之间（图40）。在两侧受力受压过大则易开裂，两端紧则没问题，这两端即紧头；木材质地软硬不同，紧头的预留度也不同。较硬密的木材基本不留，俗语即"紧恰紧"，或锯的毛面与凿眼毛面相挤，俗语即"毛碰毛"，较软的木材可以预留 0.2—0.5 毫米或以上点，投入榫头后较为紧密。木工在凿眼时经常纠结留线还是压线。留线即预留多，则紧；压线即不留，则"紧恰紧"。

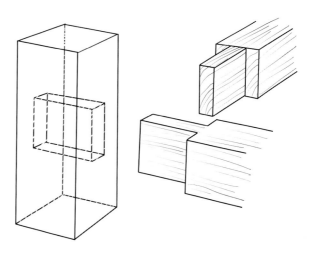

图40

在充分了解木作的基本特征后，再来看束腰桌子的内挂抱肩榫，其有很多不足，抱肩榫内部的挂榫销预留在腿材上，榫销是留挖出来的，与腿端头是同木相顺，但抱肩榫的受力与抗力是侧向的，木纹太顺的榫销在挂肩后反而很容易崩裂（图41）。因此，有经验的老师傅在选腿料时，其腿料上端木纹反而不要太直、太顺，而是以纹理略斜的弦纹更好，制成的挂肩销就不易崩裂。另外，牙板相对较薄，其端头的挂肩槽外的小三角头，也容易断裂。内挂抱肩榫虽然设计精致工巧但易损坏（很多老家具的修补木销钉就在此处），所以懂行的江南业主在要添置"守制"（束腰）的桌子时，往往因用材较软而改用横向投榫的接角榫有束腰桌子，坚实牢固耐用。当然，床榻因料大器沉且牙板材又较厚而少有这些问题。

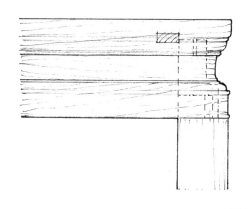
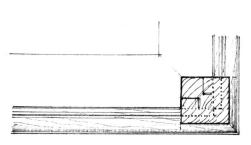

图41

根据留存的老旧家具榫卯的破散状况看，结合结构原理及木性进行推敲分析，传统家具的绝大部分榫卯非常合理，构思绝妙、巧夺天工。当然，也有一些可以进一步完善。古代的工匠在长期的实践与思考中不断创设一些新的榫卯款式。这也体现中华榫卯这一思维体系具备的生命力和活化性。

第三节　家具榫卯的常见形式

基础组：直、斜、栽、闷。

常规组：槽、插、穿、契、带、靠、位、夹。

制式组：扣、卡、互、挂、抱、格。

特殊组：交、抹、斗、销、锁、结。

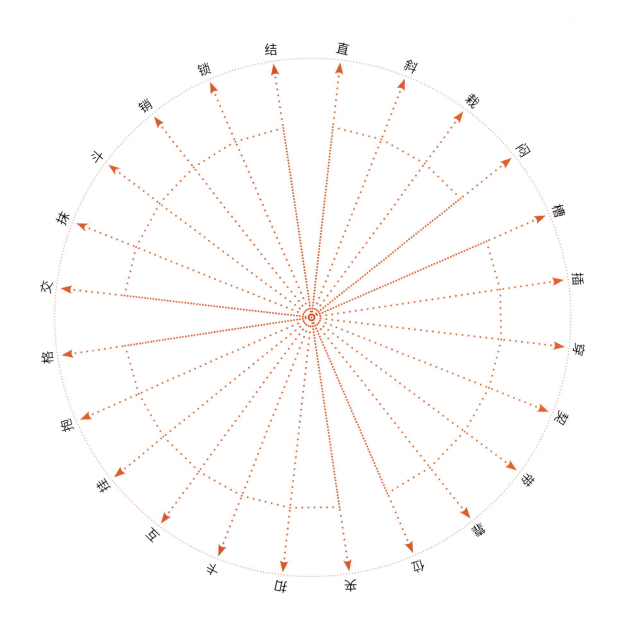

榫卯的二十四性

直

齐肩榫也叫平肩榫，即指榫头肩膀是平的，是最基本的榫卯形式。一般都为丁字型连接。受力在方形榫头的窄面，即称"紧头"，宽面不宜太紧，也不能松，此按木性而为，称为"恰巧"。工匠按照画好的墨线锯榫凿卯时会以墨线为参照，榫和卯之间均留半线为余量，互成默契，此套路叫"恰线"。

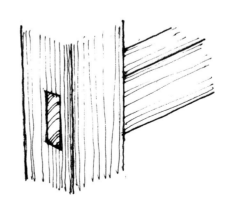

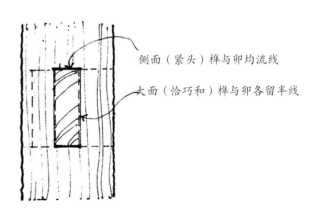

侧面（紧头）榫与卯均流线

大面（恰巧和）榫与卯各留半线

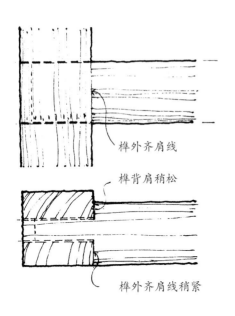

榫外齐肩线

榫背肩稍松

榫外齐肩线稍紧

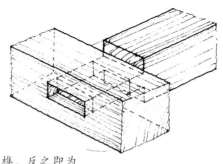

出头或见头即为明榫，反之即为暗榫。暗榫中榫头长度必须过卯材材径的70%。

第四章 明式家具的结体和榫卯结构

直

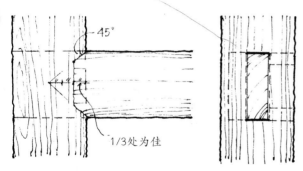

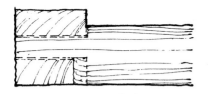

属于格肩榫类，目的是强化榫头。用于杆与枨的看面为同一平面相接时，或者两边有线脚时可用。若杆与枨中间鼓圆（竹片圆）或打洼等，则不可用。

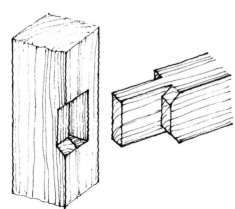

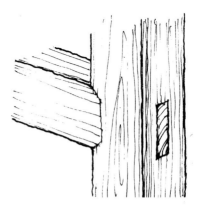

原材丁字榫卯，一般按中轴对称作法。关键是原材榫头的注肩要修准确，不要在卯眼上动刀，榫的紧头要修平。

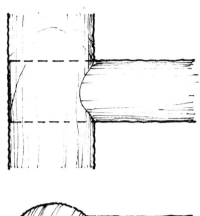

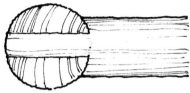

卯材的半径一般要比榫材的半径大，榫材直径小于卯材直径的4/5为宜。

切忌不要修剪卯材边口

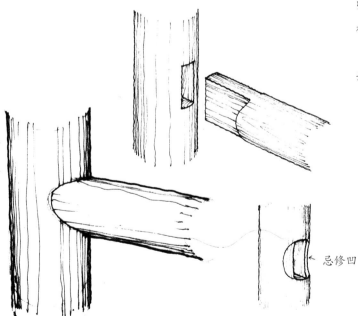

忌修凹

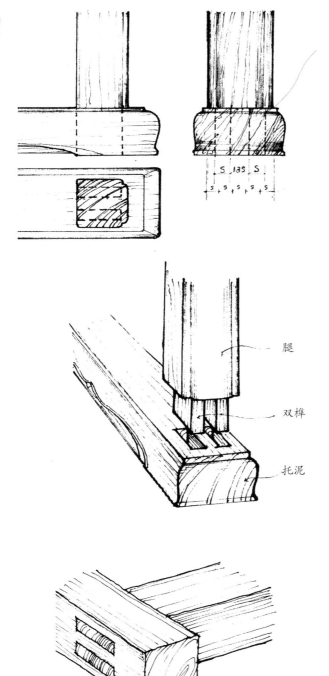

双层榫头或多重榫头。双层榫头专用于案腿与托尼的连接。两榫头间的距离不宜太近，一般是榫厚度的1.3倍。两榫间的距离与两卯间的距离尽量相等，也可以两卯间的距离稍小于两榫头间距0.2-0.5毫米，成"夹势"，这样做可以防止两榫头间开裂。

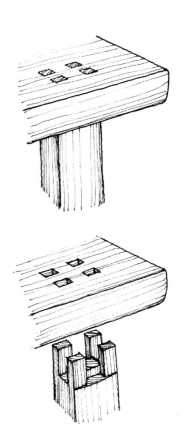

大格肩，一般用于有线脚或者混面、洼面的结合处。平面杆枨结合时较少。当横枨材径小于杆枨材径时，一般横枨大格肩的尖角以45°为妥。

直

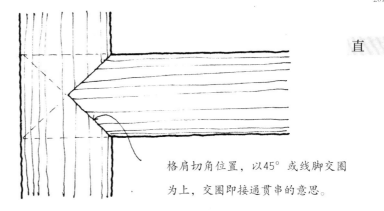

格肩切角位置，以45°或线脚交圈为上，交圈即接通贯串的意思。

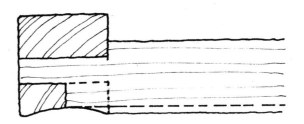

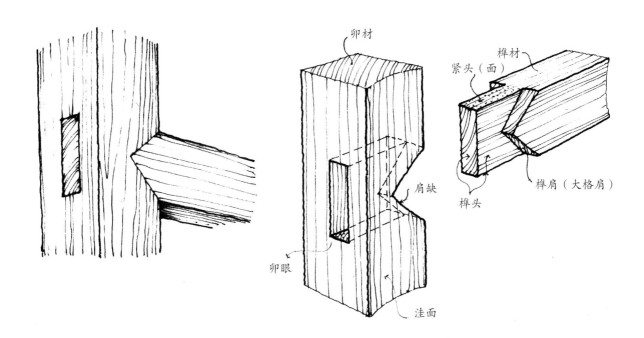

第四章　明式家具的结体和榫卯结构

直

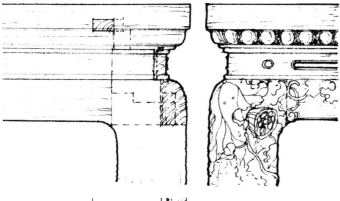

牙板横插榫。牙板横榫插入腿上端，并且齐肩，采用宽颈细头的阶梯式，增加上下的抗力。上接的束腰板以挂销挂在腿上，与牙板形成上纵横结构，比较稳定。

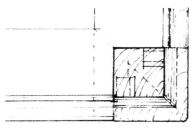

此法用牙板和腿上端雕花来掩饰格肩的接缝

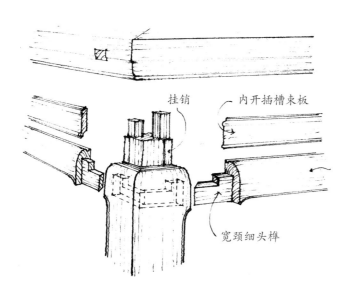

挂销　内开插槽束板　宽颈细头榫

明式家具赏析

斜

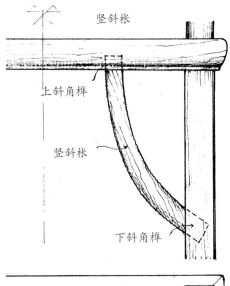

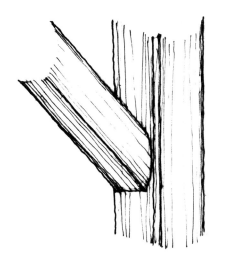

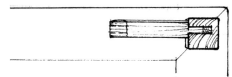

榫头与肩部是斜面。卯眼位置要计算准确，并且将榫头的四边倒小角，便于投榫。

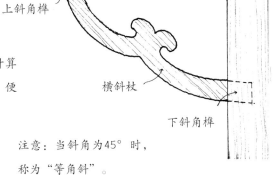

榫头与肩部是斜面。卯眼位置要计算准确，并且将榫头的四边倒小角，便于投榫。

注意：当斜角为45°时，称为"等角斜"。

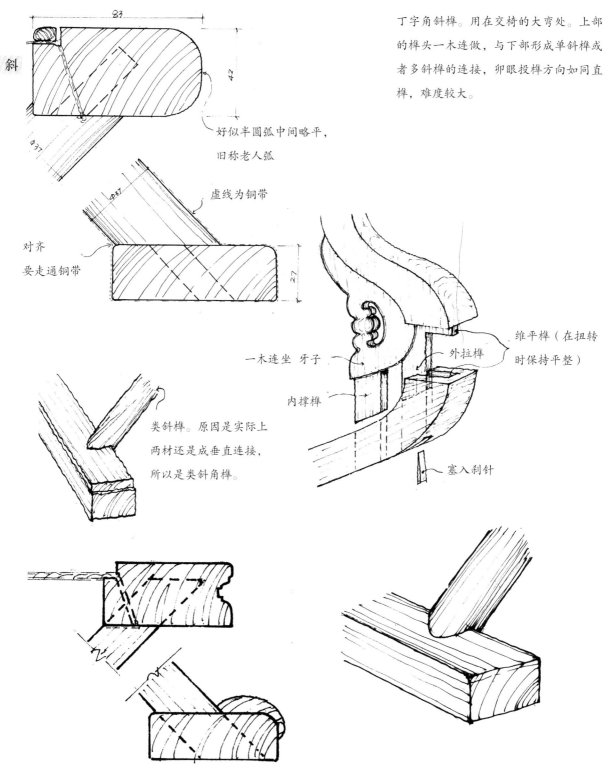

丁字角斜榫。用在交椅的大弯处。上部的榫头一木连做，与下部形成单斜榫或者多斜榫的连接，卯眼投榫方向如同直榫，难度较大。

栽

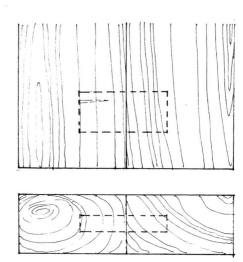

用于厚板的顺纹拼接，一般2厘米以上的厚板连接，其榫厚为板厚的1/3，隐藏在里面，且依然设置"紧头"。如果窄的厚板相拼，可加长栽榫，一榫栽通多个拼板即为穿带。

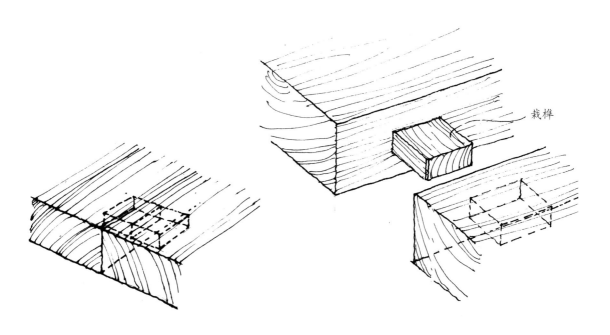

栽榫

栽

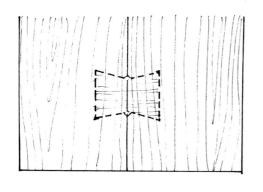

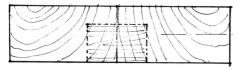
中线

银锭榫。也用于厚板拼接，平嵌入像银锭的小榫，表面可见。也用于开裂厚板的加固，有"补合"之意。注意银锭榫的纹路与拼接板垂直，锭榫的厚度要大于拼版的1/2小于3/4，俗话说"锭不过中，缝不够紧"。再则传统的做法，为了更紧密，"锭"与"卯坑"要预留"紧角"。

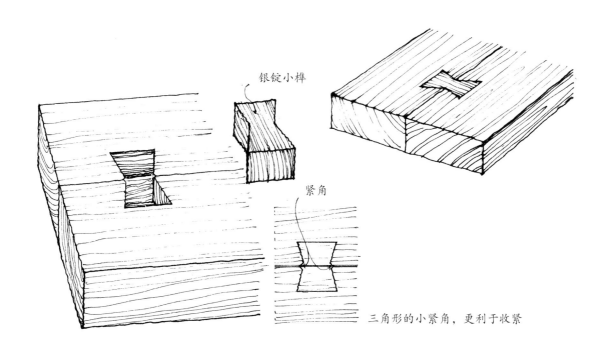

银锭小榫

紧角

三角形的小紧角，更利于收紧

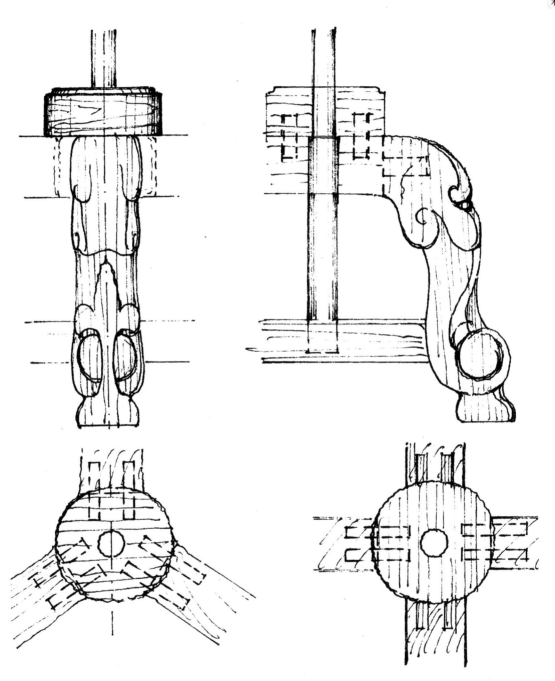

栽

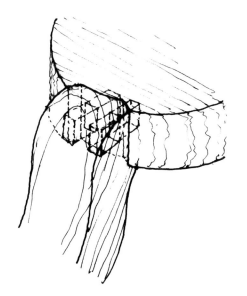

双栽榫。用于灯柱脚架连接，防止扭转，使得上下形成水平力矩，两栽榫间距稍微开更好，结构更稳固。

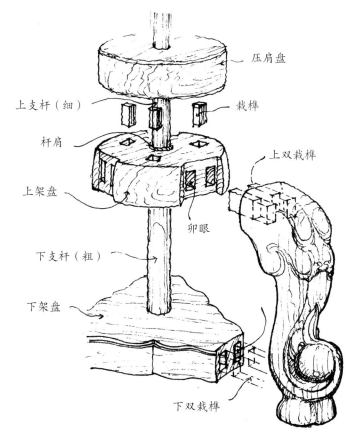

压肩盘
上支杆（细）
栽榫
杆肩
上双栽榫
上架盘
卯眼
下支杆（粗）
下架盘
下双栽榫

明式家具赏析

垛边栽榫。用于垛边镶嵌入边抹时，两者投栽榫连接。为防止榫头折损，安装顺序宜先投木条后桌面边抹。垛边厚度切勿太薄，一般为18毫米。

栽榫（先栽入木条）

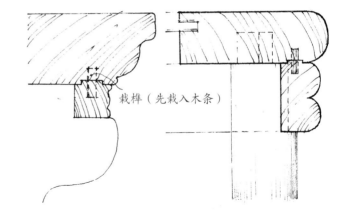

栽榫（先栽入木条）

栽

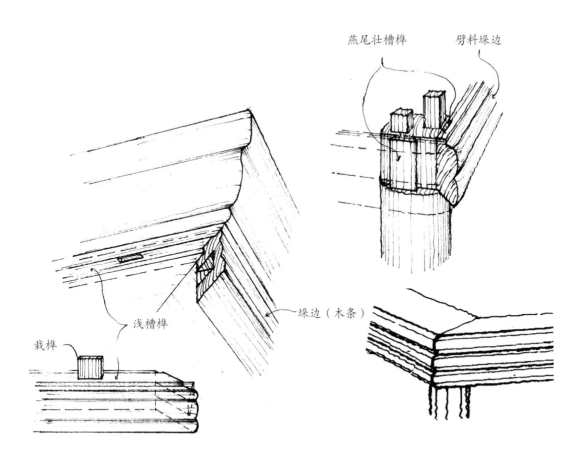

燕尾壮槽榫
劈料垛边
浅槽榫
垛边（木条）
栽榫

闷

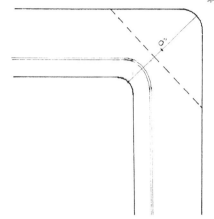

闷插的必须过半
最好是整个斜长的2/3

闷销。闷销以横纹方向嵌入甲乙格角连接的两材。深度上要大于甲乙格角缝的1/2，一般在2/3处。闷销的厚度为甲乙厚度的1/4，如果甲乙的厚度比宽度大，就应该做双层闷销。格角侧插的闷销其厚度有多种形式，分均厚和里厚外窄两种，里厚外窄不宜脱落，用途更广。

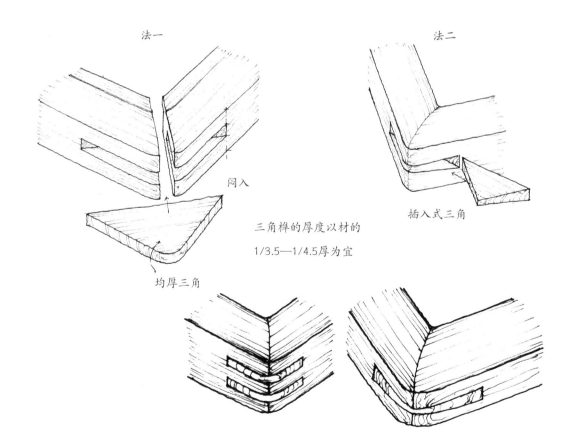

法一　　　　　　　　　法二

闷入

三角榫的厚度以材的
1/3.5—1/4.5厚为宜

均厚三角

插入式三角

明式家具赏析

内闷结构。用一盖罩住四根枨故而归类于闷榫结构。严格上说没有"紧头"的榫卯关系，主要起遮丑和装饰作用。

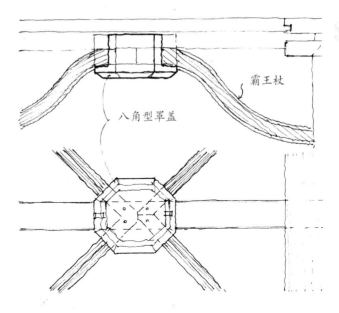

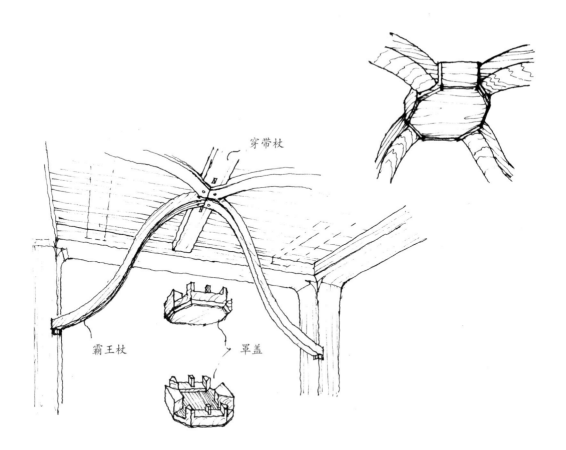

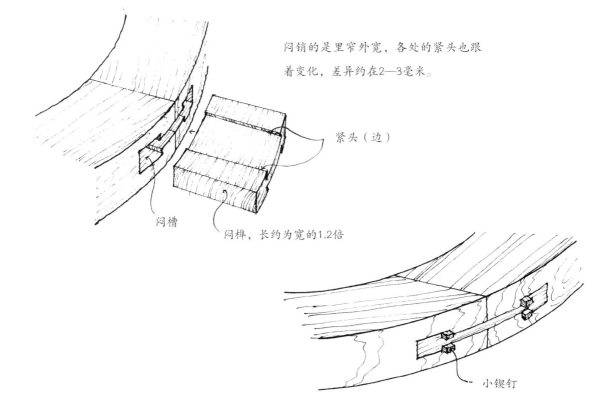

弯材闷销榫。用于弯材顺纹弧接,其闷榫呈阶梯状,形成四边"紧头",且闷榫可以在内部出头,此榫手工制作精度要求太高,一般很少。

闷销的是里窄外宽,各处的紧头也跟着变化,差异约在2—3毫米。

交椅弯材闷销。交椅的大弯头外侧开"工"子槽，相应的"工"字闷榫契入后使得两弯材连接。上弯内侧的直榫和工字闷销形成"内撑外拉"的结构，比较稳定。（注：此处上弯的和花牙须一木连做，再者"工"字闷榫必须有紧头。）这样的配置下，如果足够精密，结构紧固完整，可以无须包裹铜套，纯木结构即可。

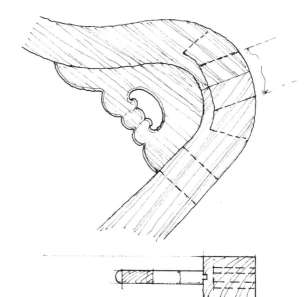

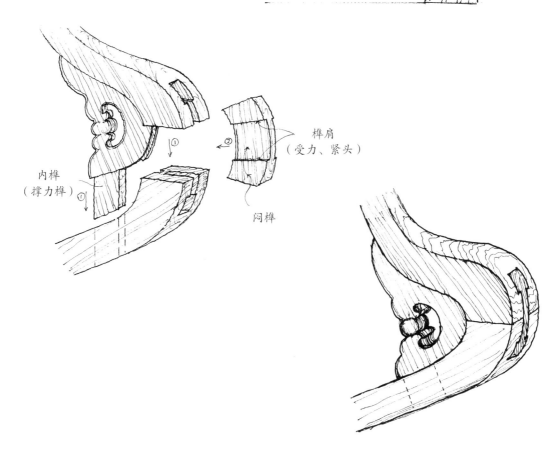

第四章　明式家具的结体和榫卯结构

槽

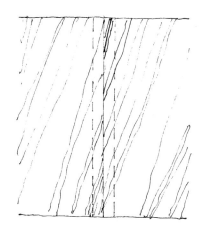

平板法之一。两板开凹槽，中间另嵌木条，木条纹路与拼板垂直或者相斜。槽宽为板厚的1/3.5—1/4，槽深为板厚的2/3有余量。中间的嵌条无须通长，可分段连接。与龙凤榫相似，但强度远高于龙凤榫。

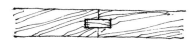

实践中龙凤榫的榫槽较容易开裂，在榫条相同厚度的情况下，两槽一条榫的纤维纹理抗拉力更强。

龙凤榫。两板同向纹理平拼连接，一凹一凸。凸的舌簧厚度为板厚的1/3.5左右，凹槽的深度要大于舌簧的伸度。拼板前凹槽两边可用刀削刮去棱。

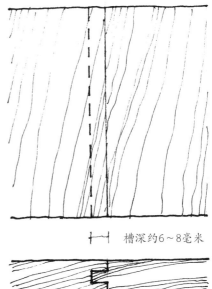

槽深约6~8毫米

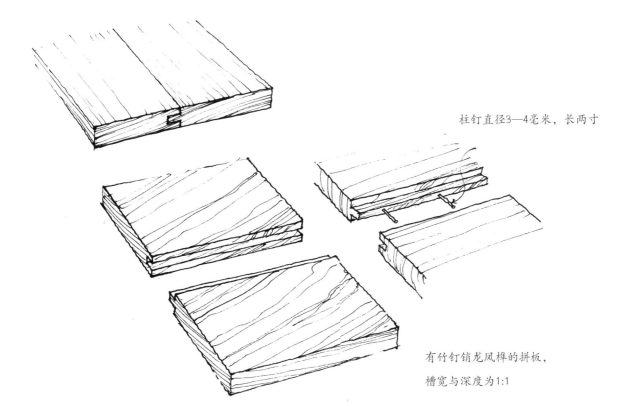

柱钉直径3—4毫米，长两寸

有竹钉销龙凤榫的拼板，槽宽与深度为1:1

槽

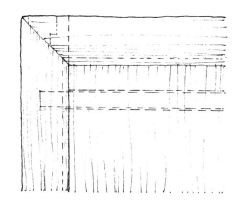

攒边打槽嵌板。桌面面板嵌槽装入边框内。要点：1.芯板四周榫簧的厚度和上牙晃的厚度最终是1/3。2.舌簧深度是厚度的1.5至2倍。3.嵌板时不用胶，可以抹些腊，以防上漆时渗入。

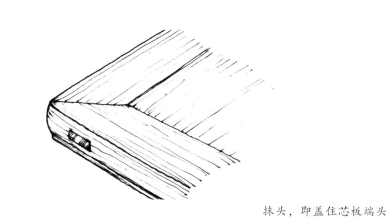

大边，即与芯板同纹理方向的边材（框长）

抹头，即盖住芯板端头的边材（框宽）

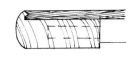

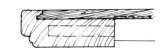

上面三种是攒边打槽的嵌板法，下面两种抹头拼缝在角沿上的嵌板法。

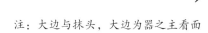

注：大边与抹头，大边为器之主看面

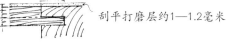

刮平打磨层约1—1.2毫米

明式家具赏析

拦水线，即攒框嵌装于拦水线下的凹槽内。一般用于芯板较薄、器型较小的家具。如果遇到芯板较厚的情况可以增加马蹄边（见右图），即在边抹内框和芯板下面再做燕尾边嵌装，这样结构更稳定。这种情况芯板一般为瘿木。

栏距：不宜太窄，以拦线高的2倍为宜

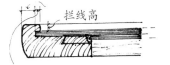

拦槽深　相对较浅
约为栏2/3~1/2

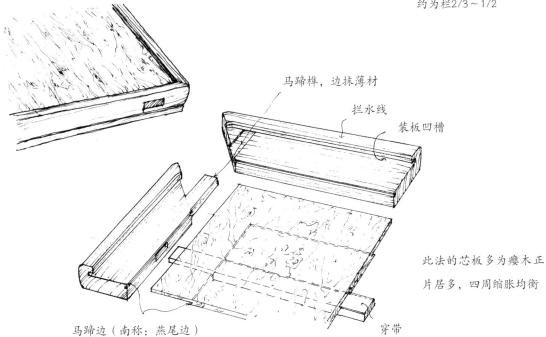

马蹄榫，边抹薄材

拦水线

装板凹槽

此法的芯板多为瘿木正片居多，四周缩胀均衡

马蹄边（南称：燕尾边）　　穿带

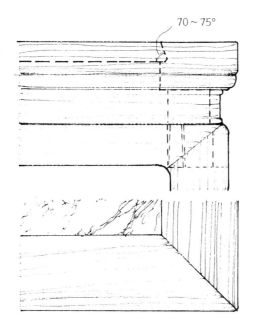

边抹嵌石板。槽口做斜面，斜角在70～75°为宜，否则易石崩木裂，木与石的缝隙可用胶粘，石板厚度一般在2厘米以上。装板时，边抹厚度要略高于石板，拼接好后在修平四边，切忌石板突出，后期难以找平。

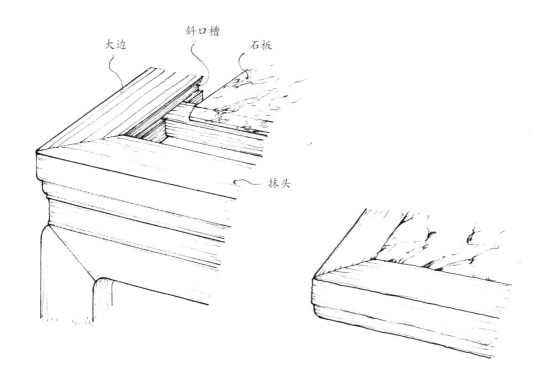

托腮镶嵌法。托腮板上下都做凹槽，下与牙槽接，上与束腰槽接，其里侧另有插销固定。有束腰板与托腮一根木作成，俗称"一木连作"，此法主要指其下口与牙板的槽接，切忌将托腮外沿超出下方牙板的面。

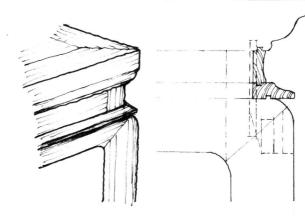

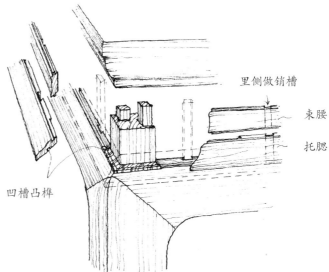

里侧做销槽

束腰

托腮

凹槽凸榫

槽

平嵌的木楞材厚一般为嵌板厚度的1.5至2.5倍。木楞分经纬材，一般短侧平行的木楞作整材直通，那么长侧的平行木楞作分段。左侧的攒接小框落槽平嵌芯板，除了以上要点外，还要求攒接的小格肩不宜超过材宽的1/4。也可改为十字的格角。另外，嵌板可以为凹嵌或凸嵌，即嵌板凹边楞凸，反之嵌板凸边楞凹进。

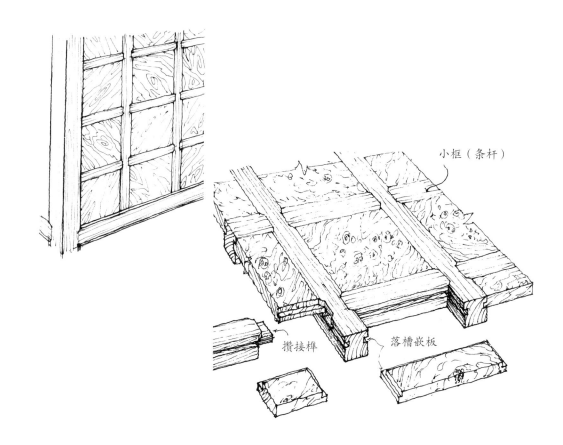

小框（条杆）

攒接榫　　落槽嵌板

明式家具赏析

望牙即向上仰望的角牙，有凹角挂住，以防拔出。"支具"均有望牙，牙与支杆采用落槽连接，牙与低杆（拖角）有榫接，此法一柱两牙式，也称"双支器"的柱脚插牙，若能做成燕尾槽榫连接会更佳。

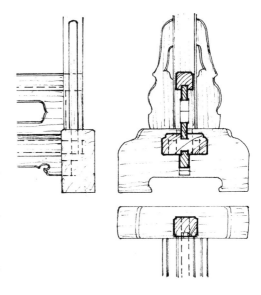

槽

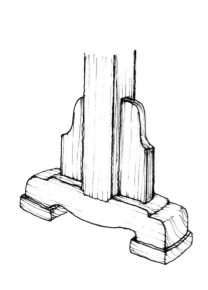

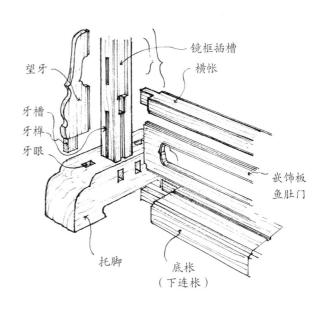

镜框插槽
横帐
望牙
牙槽
牙榫
牙眼
嵌饰板
鱼肚门
托脚
底帐（下连帐）

注：这类连帐，不同前面说的横帐（如罗锅帐等），它们是辅助连接键，而连帐是主要承载构件。

插

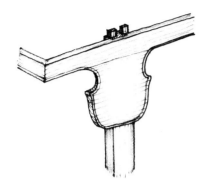

插肩榫。由牙头和插槽组成,牙头有刀牙等多种形态,与两边牙条连接,两者连接稳固的核心在于两边肩缝中的紧头。牙头上的压槽宽度略成上小下大的变化。左图是牙条内作燕尾槽挂销与腿连接。一般适合于牙材较薄者,其腿杆也基本是方材,槽深不得低于4毫米,但也不能超过牙板厚度的1/3,槽宽仍需上小下大,在2—3毫米。若牙条牙头不是一木的,需要做龙凤榫连接。

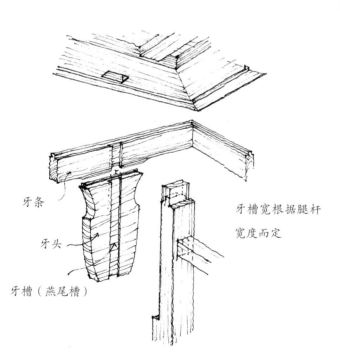

牙条
牙头
牙槽(燕尾槽)

牙槽宽根据腿杆宽度而定

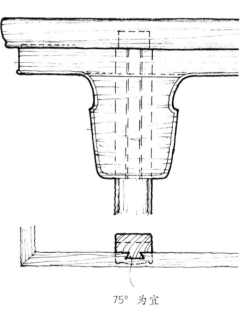

75°为宜

明式家具赏析

此为斜插肩榫，插夹合一，牙头中部的斜尖上留15—20毫米出头，这样就作为榫头插入面框，形成夹势。制作时牙头两斜肩间距要略小于腿上端两斜肩宽，但角度不变，这样更紧密。若牙头材够厚，背面仍可做槽形成正背双槽插夹，其力无穷，有千年不烂之誉。此时牙条插槽自上而下的深度不小于8厘米，而牙的连接段更不可薄于1厘米。

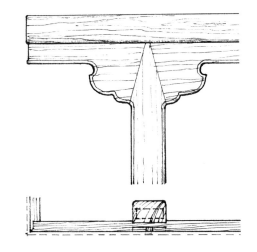

插

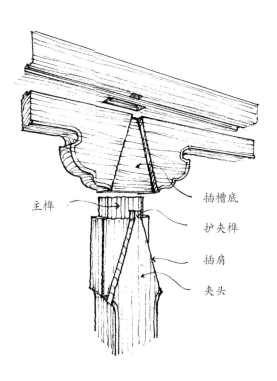

主榫　　插槽底
　　　　护夹榫
　　　　插肩
　　　　夹头

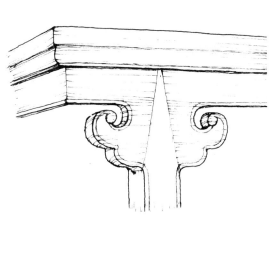

第四章　明式家具的结体和榫卯结构

插

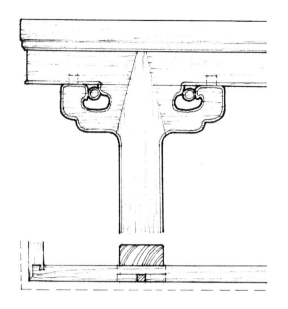

直插分牙头做法。牙条与牙头分作，一般会因节省材料而采用插夹合一，牙和腿共一平面。制作时分开的牙头与牙条格角的背后另作落槽，与腿形成正背两面的槽夹，强化腿上侧槽的挤力。这个背后的挤力就是"紧头"所在。如果牙材够厚，其背面做槽，插腿更坚固。再者牙和头加栽榫更为牢固。

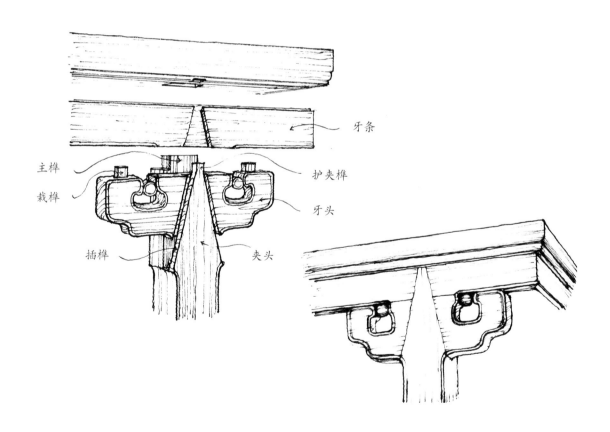

明式家具赏析

望牙。前面介绍过牙向上者，望牙以燕尾槽榫插进，纹路一般为竖向顺纹。地拖要厚50—80毫米，否则十字契咬合力矩不够，易松动。

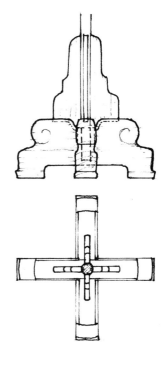

插

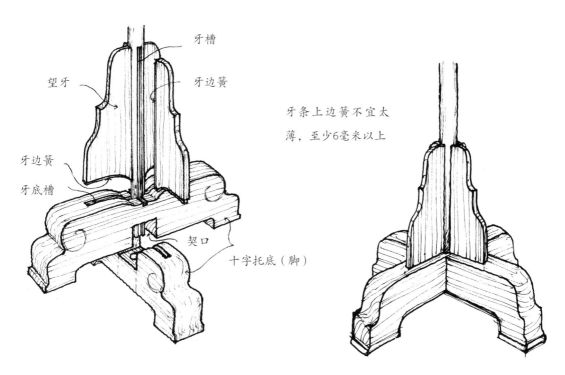

牙条上边簧不宜太薄，至少6毫米以上

第四章 明式家具的结体和榫卯结构

插

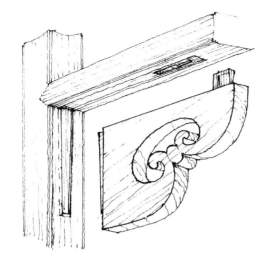

此牙看似装饰实际上为加强筋之用。结构上应为插牙两边槽深与牙厚相等，若因需而将牙材加厚至7毫米以上，则牙的舌簧厚度可削薄至5—6毫米为宜。安装时角牙顺竖材凹槽插入，而后在上横杆时，先将角牙上预埋的走马销投入，并同时向竖材方向推紧，这样紧固有加。此法关键之处是竖材凹槽须燕尾状，且上宽下窄，否则无法入槽。适用于琴几。

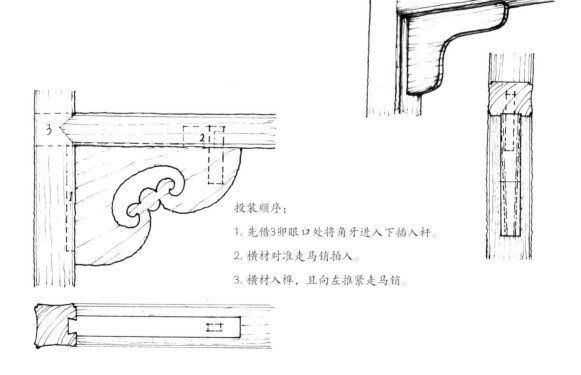

投装顺序：

1. 先借3卯眼口处将角牙进入下插入杆。
2. 横材对准走马销拍入。
3. 横材入榫，且向左推紧走马销。

一腿三牙。强有力的支撑结构，关键在于燕尾榫落槽要紧而深。三牙同长，边抹下的角牙稍下点，牙材需厚1厘米以上，要旋切纹（山纹），不要直纹，直纹虽然稳定，但用于此处易裂，上端另加销子以锲入边抹下。

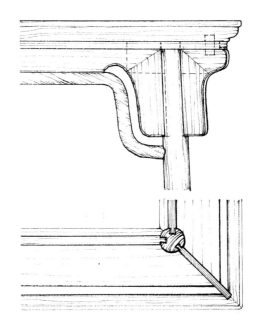

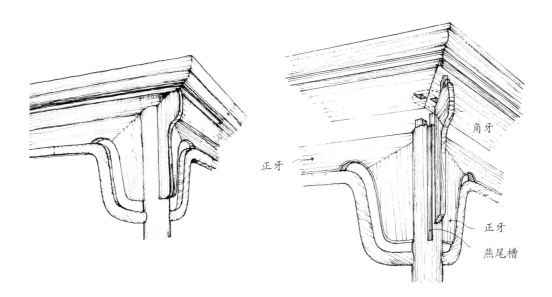

插

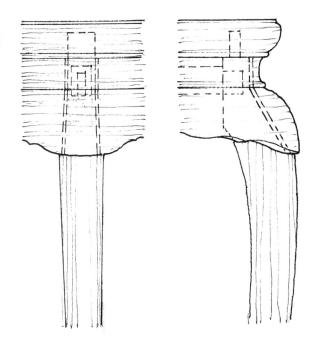

披肩榫。如古代袍披肩的样子。结构有如暗插肩榫，里侧槽上窄下宽的同时，两斜肩再作燕尾状，插进后彭牙与腿不易脱落。左边为束腰型的内槽插肩榫，是"守"制与"展"制的混合。

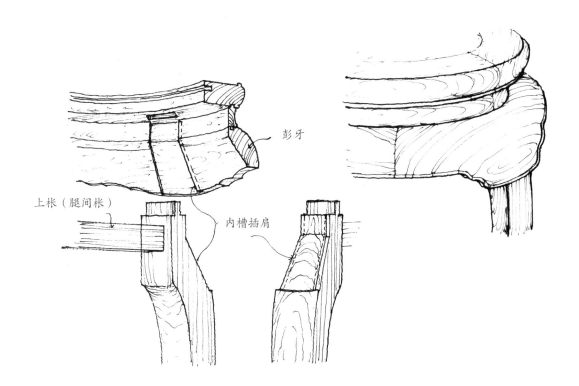

彭牙

上枨（腿间枨）

内槽插肩

属加强筋。顺应纹路入槽，施加燕尾槽，随杆同入。设计间距装饰与力学作用，是有效的辅构牙。

插

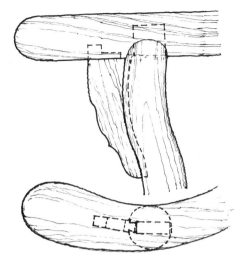

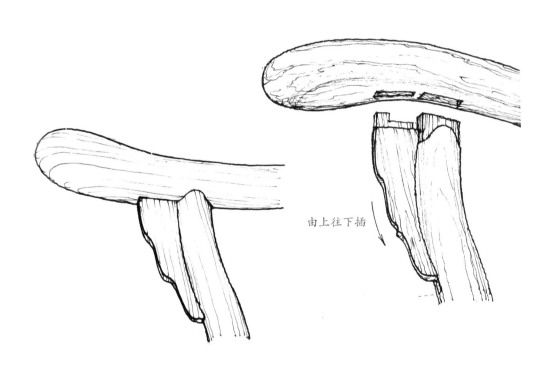

由上往下插

穿

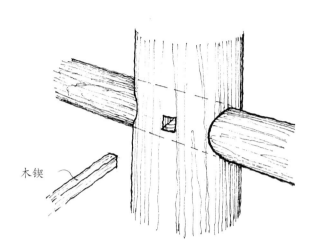

木锲

锲钉榫。两圆材十字相交,细穿入粗且用钉锲固。此法要注意相交两杆的粗细比,若细的大于粗的1/2,不宜用此法。锲钉以方为上,边长不可超过细杆的1/4。

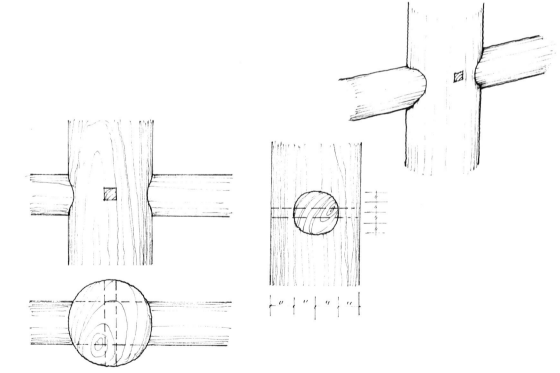

明式家具赏析

三材一平面的穿越结构，一般用于桌与凳上既装饰又受力的地方。攒牙花板中部横杖的直穿入腿上，横杖的"紧头"设计在腿上，穿过花板设直榫即可。

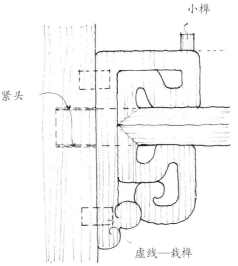

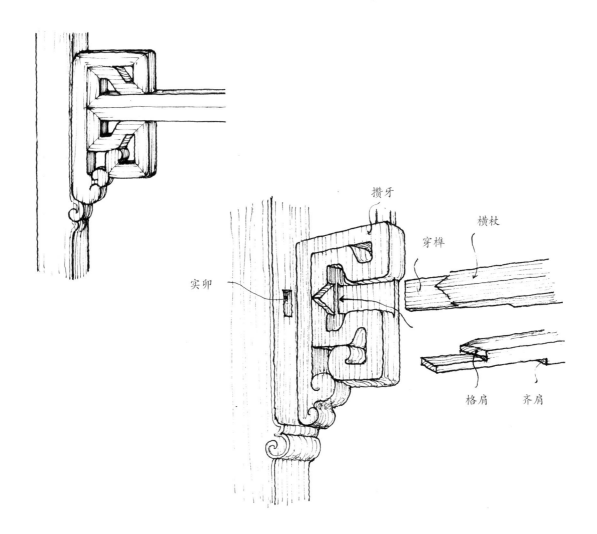

契

契者，指几材相互之间不连，合而不紧。几材互相避让形成"契缺"，"契缺"没有紧头，没有通常榫卯的紧固力，而可以再施穿轴契钉加固。

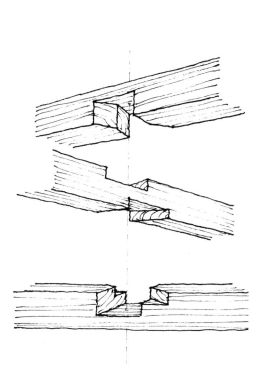

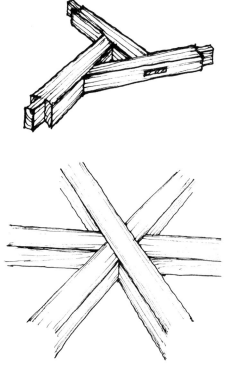

契

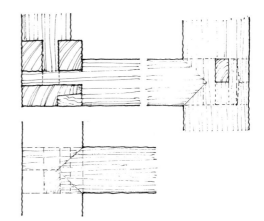

此为单出榫，也可双出榫

此处兼有"夹"法，从榫内部结构看，其增加的牢度与"契"的关系更直接。

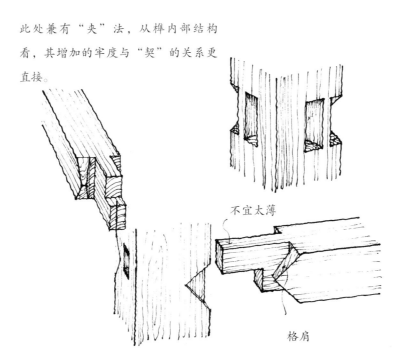

不宜太薄

格肩

契

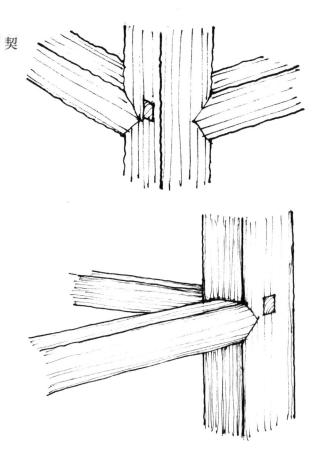

同一水平位置同时投榫于第三竖杆的卯眼中，两材分别与卯眼材形成契榫结构。为避免碰撞，一端的出榫为大进小出，并设有紧头。此法实现卯眼处的抗力均衡，格肩厚度一般不得小于4毫米，榫头厚度不小于8毫米。这样的做法一般用于柜架。

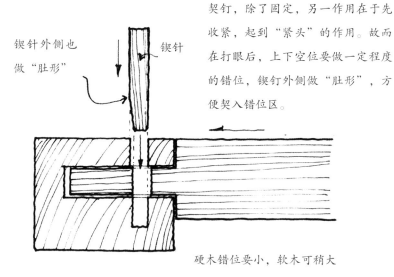

锲针外侧也做"肚形"　　锲针

契钉，除了固定，另一作用在于先收紧，起到"紧头"的作用。故而在打眼后，上下空位要做一定程度的错位，锲钉外侧做"肚形"，方便契入错位区。

硬木错位要小，软木可稍大

抱腿榫。在圆腿的卯眼内，两横枨榫头相契相合，不冲突，实现受力均匀。

注意：
1. 选料纹理为横纹，要紧质。
2. 紧头设在两横枨的榫头上，敲进腿的卯眼。
3. 可做"投榫辅肩"，投装好后再铲掉辅肩修形。

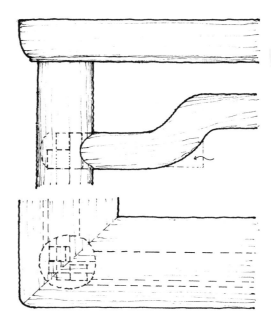

契

外观

注：投装成整器后，再切除辅肩，并铲修整形。

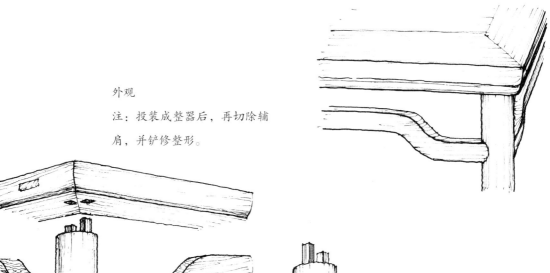

辅肩（暂留）

内视

契

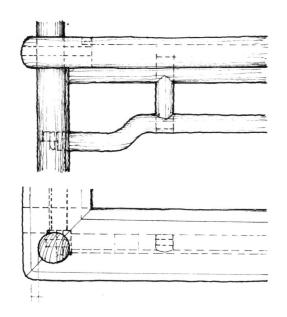

座面格角预留圆孔,穿杆至束腰肩处,并搁于上横枨,一般情况下,上杆圆材径较细,下杆腿材径较粗,且起格肩,两横枨先装矮脑组合成片架,然后一起同时投装进腿杆,上枨与"束肩"齐平。

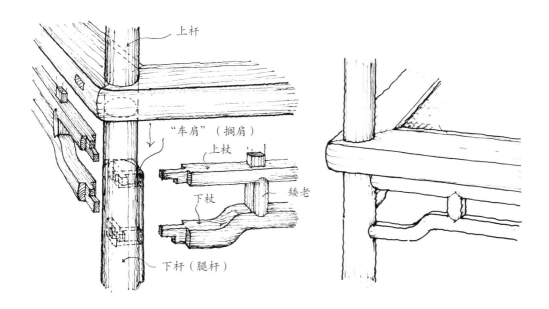

明式家具赏析

带

穿带。这是中华榫卯最具代表性的榫卯之一。简单但功效很大。穿带保持拼版或独板板面的水平状态,防止变形。做法上是在板背后垂直于面板纹路穿而拉带。注意:起燕尾槽,其深度以3—6毫米为宜。穿带斜度不宜太斜,内角以75度为宜。带宽以3—5厘米间,带厚以2—3.5厘米较合适,若遇器型较大者,可按合适比例放大。须有大小头,但不可过于悬殊,否则在面板因缩胀变化时会向一边赶。

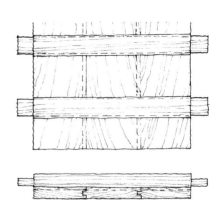

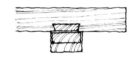

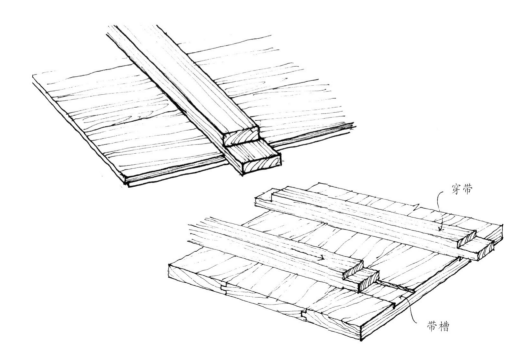

穿带

带槽

带

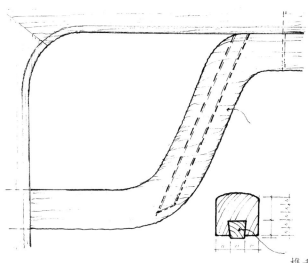

穿带的衍生，防止大弯罗锅枨断裂，起到加固作用。此穿带深于罗锅枨的1/3，不宜太深。穿带为燕尾槽状，槽壁斜度为70—80°为宜。

榫舌厚约枝材厚的2/5，可略出头，有结构美

榫舌宽约为根材宽1/3

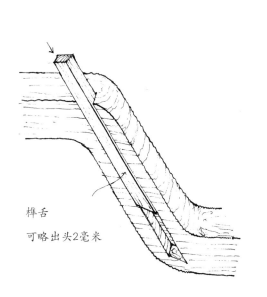

榫舌
可略出头2毫米

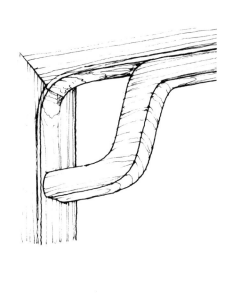

明式家具赏析

此穿带是具有加强辅助抹头受力的一种方法。此穿带宽40—80毫米为宜。适用于超长大案或大方桌,对于"方制"(四面平)的面板框更有效。

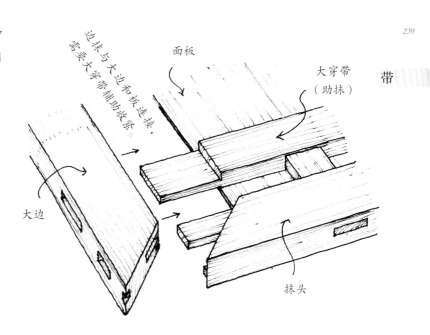

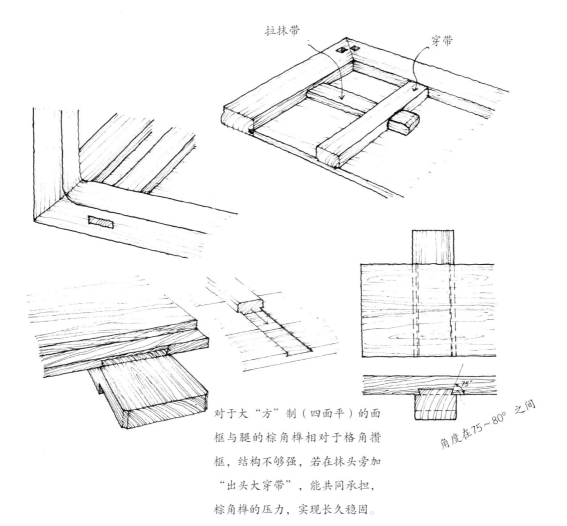

对于大"方"制(四面平)的面框与腿的棕角榫相对于格角攒框,结构不够强,若在抹头旁加"出头大穿带",能共同承担,棕角榫的压力,实现长久稳固。

靠

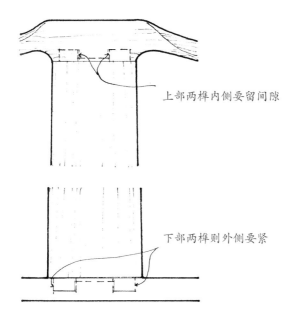

上部两榫内侧要留间隙

下部两榫则外侧要紧

槽榫。椅背上下为槽榫或者一整条舌簧，槽一般不必太深，上榫舌稍浅。若是两段舌簧榫，则两榫与两卯槽的内侧要少留间隙，以防背板日久因缩胀导致开裂。

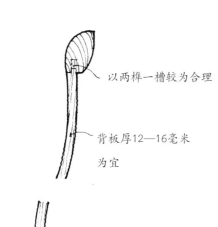

以两榫一槽较为合理

背板厚12—16毫米为宜

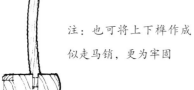

注：也可将上下榫作成似走马销，更为牢固

明式家具赏析

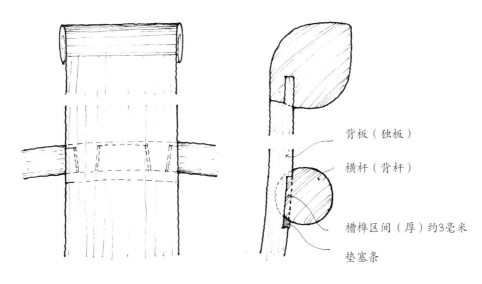

背板（独板）

横杆（背杆）

槽榫区间（厚）约3毫米

垫塞条

独板背面与横杆靠榫法。此法是强化靠背力量的一种连接方式。后杆为整木，为必要的受力支撑需要。背板挖凹以形成"榫"位，横杆挖凹留出"卯"位，横杆贴近背板往下装入，最后插上塞条。此法有走马销的衍生之意。要注意后杆挖凹的深度不能超过杆径的1/3。

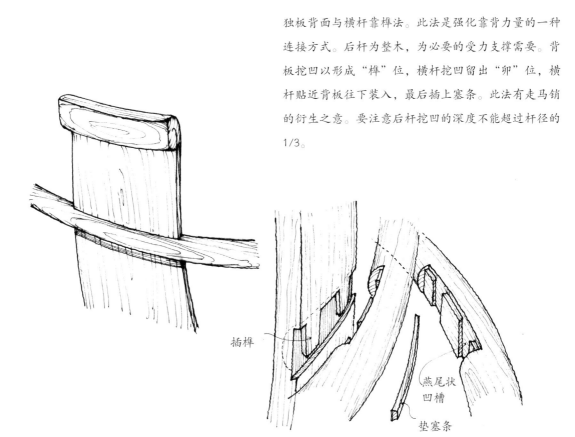

插榫

燕尾状凹槽

垫塞条

第四章　明式家具的结体和榫卯结构

靠

攒接的中断嵌板宜平嵌，这样不会影响到座时的腰部感受。两边杆上下与搭脑和桌面的榫卯，可深而不出头。

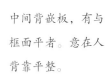

中间背嵌板，有与框面平者。意在人背靠平整。

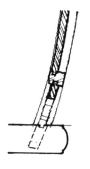

明式家具赏析

横杆与靠背两边竖杆相交相契，横杆与靠背杆均挖深度为各自材径的1/3以内。宜用正方形的栽榫。

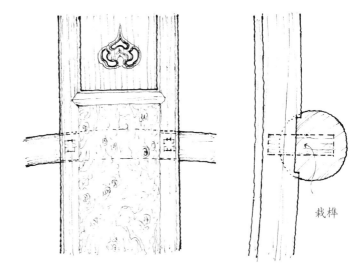

栽榫

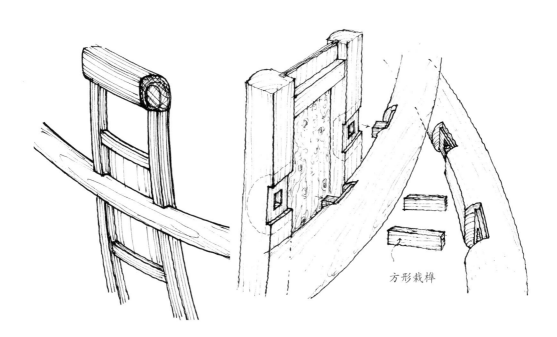

方形栽榫

位

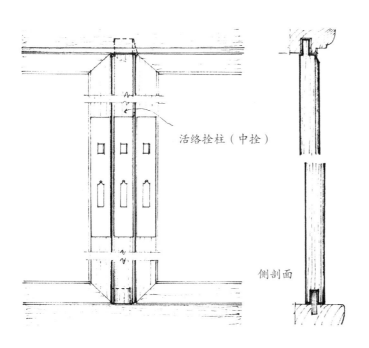

活络拴柱（中拴）

侧剖面

位，指定位而不可紧固，能够拆装，运动配合，松紧拿捏有度。此榫上下结构有别，中柱装时先上再下，上卯眼一侧开斜口易于投入（上下运动），下榫头设在底帐上，用栽榫。中柱下端一侧作卯槽，水平方向推进栽榫。

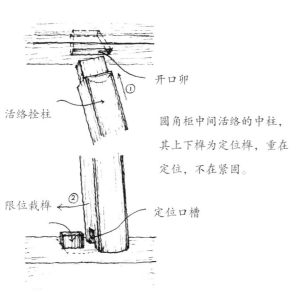

开口卯
活络拴柱
限位栽榫
定位口槽

圆角柜中间活络的中柱，其上下榫为定位榫，重在定位，不在紧固。

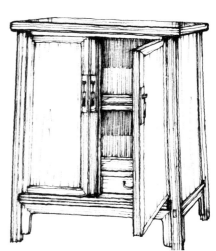

此为上下组合件的定位榫。一般用于展腿的方桌，腿可以拆装。上套与下腿各设两组小榫头与小凹眼，注意上下堂榫卯位子的布局。

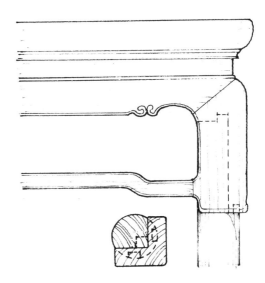

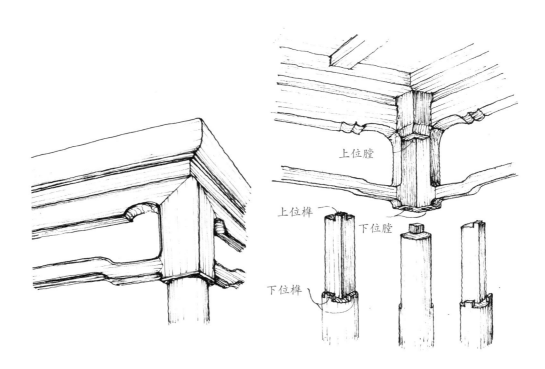

第四章 明式家具的结体和榫卯结构

位

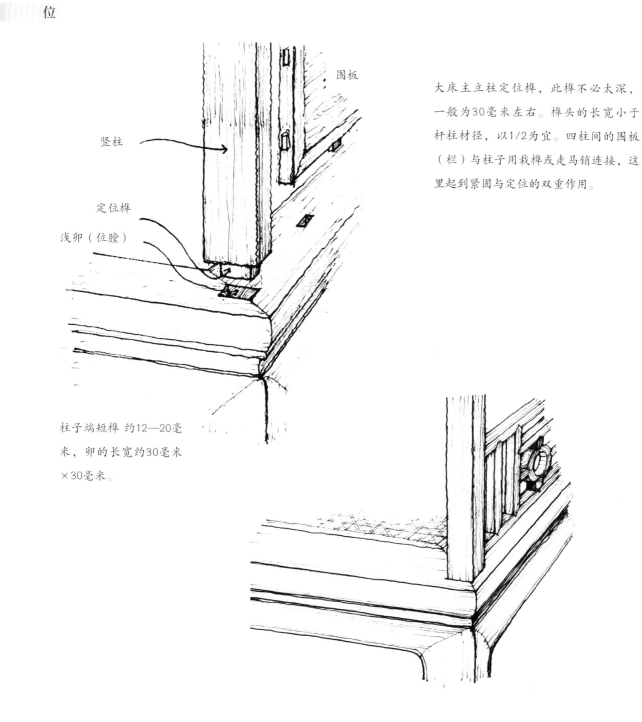

围板

竖柱

定位榫

浅卯（位膛）

柱子端短榫 约12—20毫米，卯的长宽约30毫米×30毫米。

大床主立柱定位榫，此榫不必太深，一般为30毫米左右。榫头的长宽小于杆柱材径，以1/2为宜。四柱间的围板（栏）与柱子用栽榫或走马销连接，这里起到紧固与定位的双重作用。

位

叠榫,没有紧头,无须太深,叠放不移动即可。腿上可以设置一榫也可以多榫。

位榫(仅作叠磊定位)

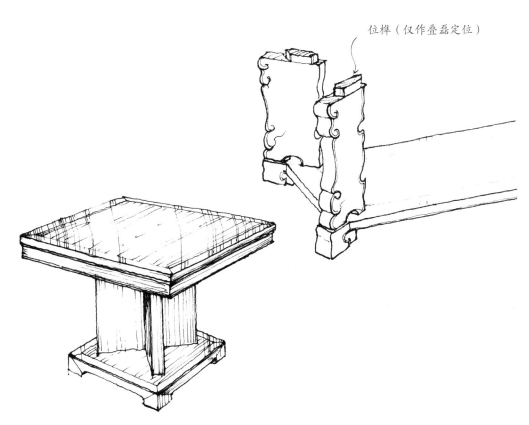

第四章 明式家具的结体和榫卯结构

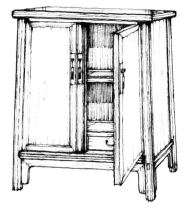

门轴,用于旋转,并可拆装,保持位置不变。门轴必须与柜柱平行。上轴膛和下轴膛的深浅要配合好,才能实现无损方便拆装。

门轴和门的位置关系很特殊,从门轴顶视图的剖面看,门轴开合的角度尽量能贴合角柱,形成最大开合角,并在最大开合角度的位置来取出门板,这是最合理的。

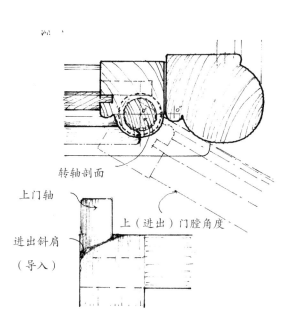

转轴剖面

上门轴

进出斜肩（导入）

上（进出）门膛角度

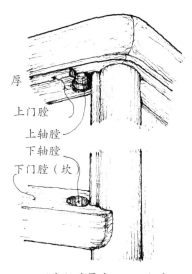

厚
上门膛
上轴膛
下轴膛
下门膛（坎）

1 上门膛厚度＝下门轴高≥下轴膛深
2 上门轴高≥3倍下门轴高
3 上门膛厚度约为4—7毫米,超大柜体再稍微增大

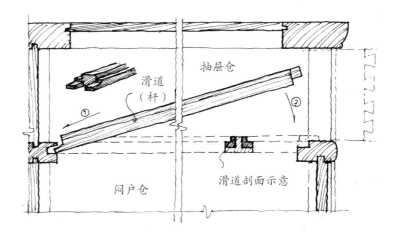

滑道,一般指闷户橱抽屉下的活络滑杆。滑道杆前部榫头为水平向前,分叉为两个,头部稍尖,便于进入;后顺垂直方向上下投榫,作用在限制位置。

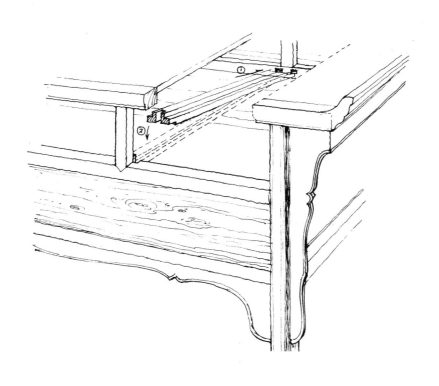

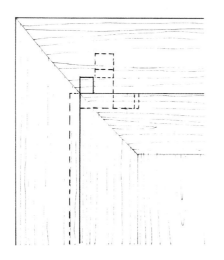

方角柜的门轴"转位"。门轴心在"门槛"里面,也是门框柱的中心。柜柱的里侧做洼弧,这是为了方便开合转动。装投时,先装上门轴,先将门垂直于柜面,上轴栓头对准上门槛的入颈槽后,将门向上顶到底,再把门轴下轴栓头对准门槛的下膛,自然放落,即可。

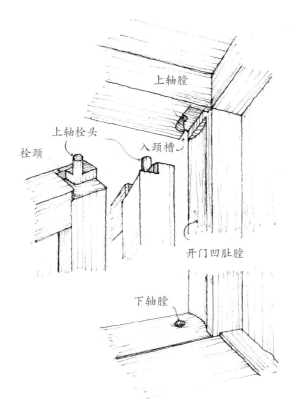

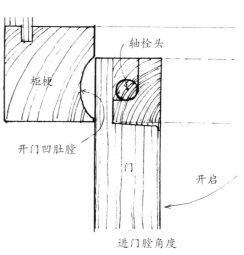

仿竹器形态，腿和大边"裹抹头"形态类似圆包圆裹腿做法。此榫的关键在于"榫颈垫"（如图），即大边榫头（双榫）的根部是相连接的，有大桩榫的功能。大边高于座面，人坐在上面，大边的受力更强。

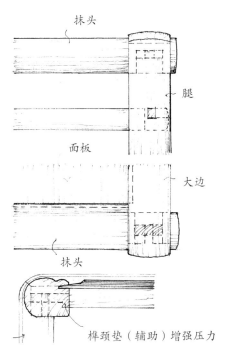

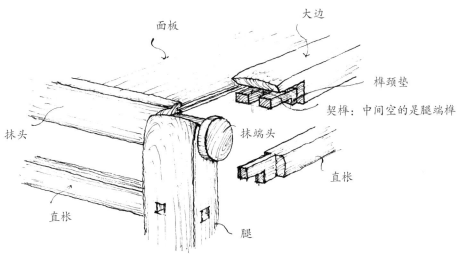

夹

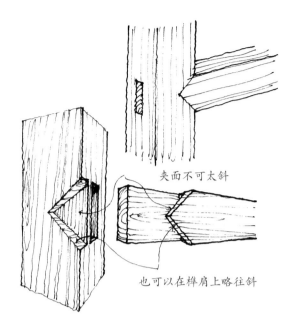

夹面不可太斜

也可以在榫肩上略往斜

大格肩，即形成90°的肩角。"虚肩"是大格肩的一种情况，格肩角下与榫头再锯成夹槽，使榫头与卯眼更满实，耐受力有增，且因形成夹状，不易拧折，更稳固，名"虚"实际更"实"。

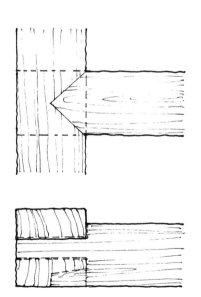 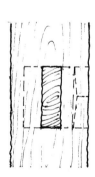 

圆径材相接，其交线必成薄薄的尖嘴状，易折损，不利于今后的拆装和修缮。工巧者依照尖嘴外形作留厚，为3—4毫米，卯材也相应做出凹嘴状，投合后，外缝密合，内有夹意。

夹

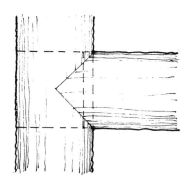

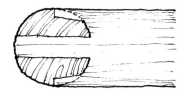

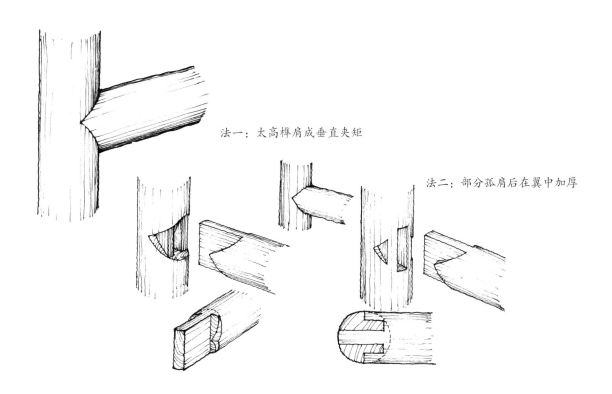

法一：太高榫肩成垂直夹矩

法二：部分孤肩后在翼中加厚

第四章　明式家具的结体和榫卯结构

夹

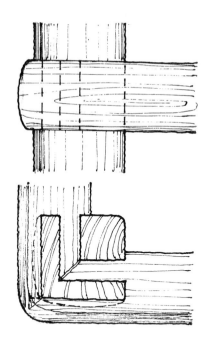

圆包圆，也称圆裹圆，"竹制"意向。两横枨相交并合抱于腿，外侧角圆润，而腿需要锯挖成槽，形成内榫与外翼夹合的状态。内榫和外翼上下面需有紧头，内外双榫和夹意结合，榫卯紧固稳实。注：圆包圆外翼的圆弧不必与腿的圆成同心圆，即外翼往往不是圆包圆，此也是发挥审美造诣的地方，要圆而有精神。

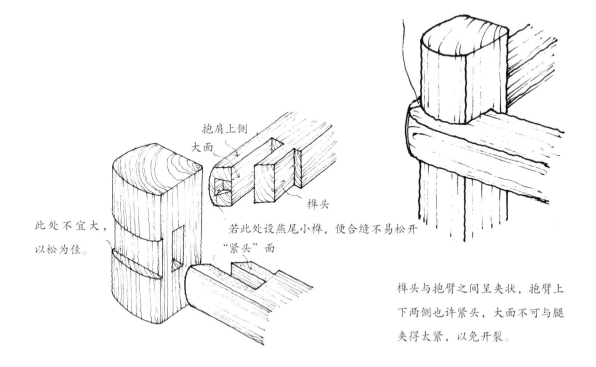

此处不宜大，以松为佳。

抱肩上侧大面

榫头

若此处设燕尾小榫，便合缝不易松开

"紧头"面

榫头与抱臂之间呈夹状，抱臂上下两侧也许紧头，大面不可与腿夹得太紧，以免开裂。

圆包圆内格角榫。圆包圆卯内以长短榫形成格角。注意：大边下的横枨为长榫，抹头下的横枨为短榫。

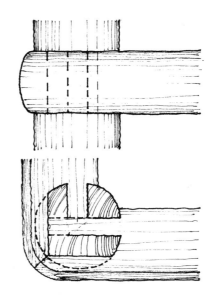

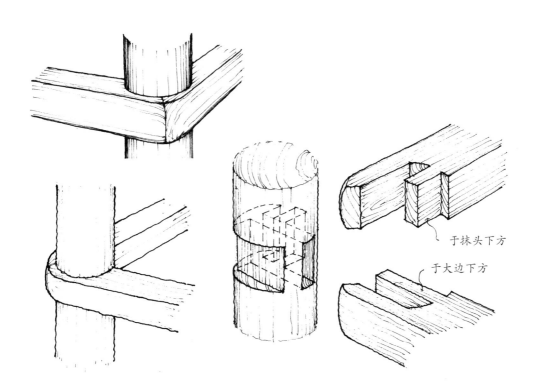

于抹头下方

于大边下方

夹

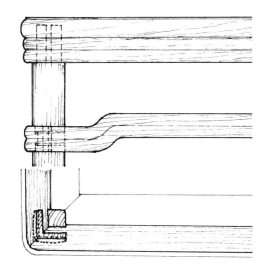

方腿裹腿杖榫法。此法适用于方腿且杖材较薄者。在外侧翼榫内壁再挖出燕尾榫，使得较薄的外翼不容易翘曲，薄的外翼无法施加紧头，故而将紧头转到其内的燕尾榫上，坚固而有夹势。

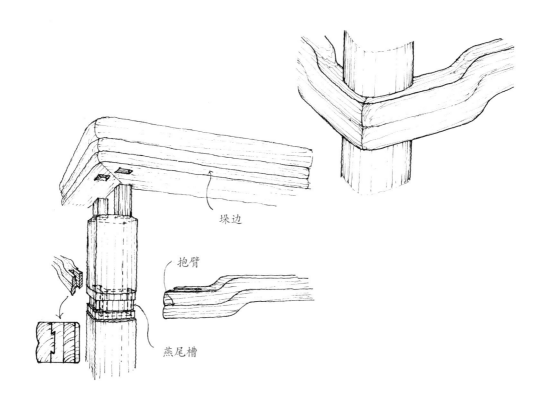

明式家具赏析

正反两面插夹榫。此法在整牙的正反两面都嵌槽,一般针对厚牙而做。双面做槽,外窄内宽,腿上端的夹头两侧各另作企口,旨在投装后日久使用不会因为收缩看到缝隙,制作精良可以加强紧口的稳固。

夹

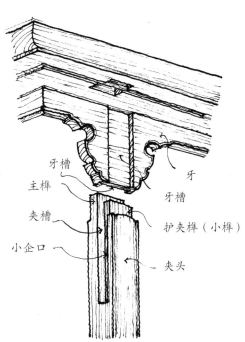

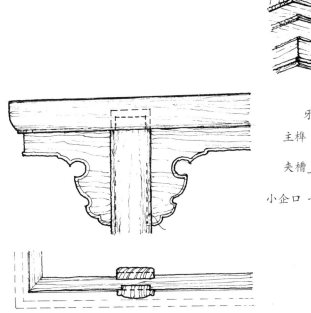

牙槽
主榫
夹槽
小企口
牙
牙槽
护夹榫(小榫)
夹头

夹

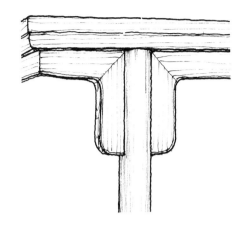

此为夹头式刀牙的一种做法，腿足上端开夹口嵌夹牙条，两侧开浅槽，镶入刀牙，牙板和刀牙做燕尾槽格肩相连。稳固的关键在于牙条背面与腿结合处主力槽的紧头，在这与刀牙头的格肩燕尾槽搭配，使得刀牙不易脱落，俗称有"逃不脱"之说。

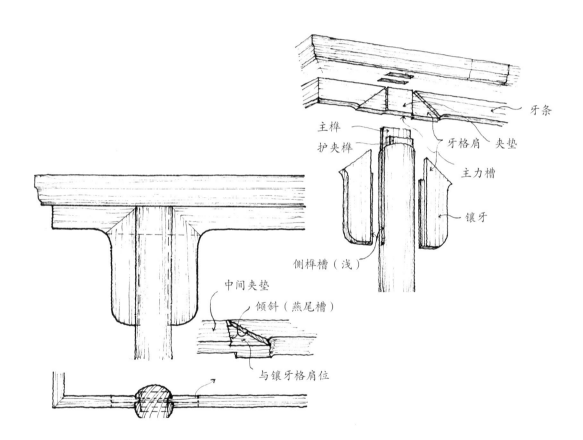

夹

此为夹头式刀牙的另一种做法。转对牙板和刀牙头较厚，但又受到材料长宽限制时的做法。牙板不是整条，分为几段，均分成两截，各与左右的镶牙格角连接，正面格角而背面另作燕尾小榫，并将此小榫直穿至面框大边下口，结构牢固。实际上没有腿夹，因而没有形成真正的夹头式，是一种替代性的变体。可以说是榫卯智巧的表现，所以也要说明此做法是牙板长度受限的选择，切不可将够长的材料锯断而为，否则舍本逐末。

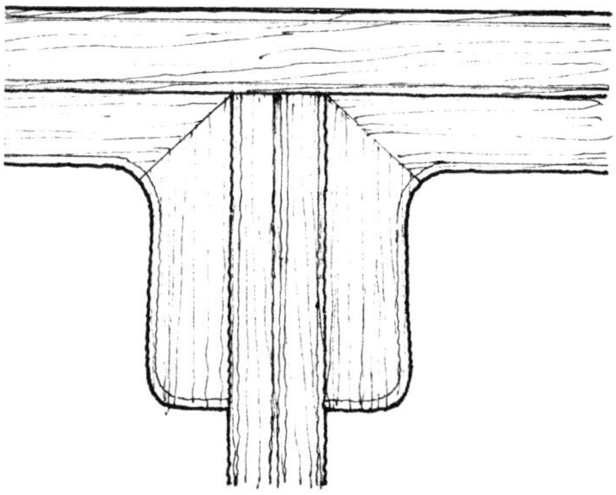

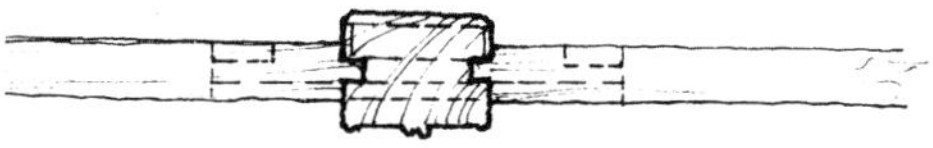

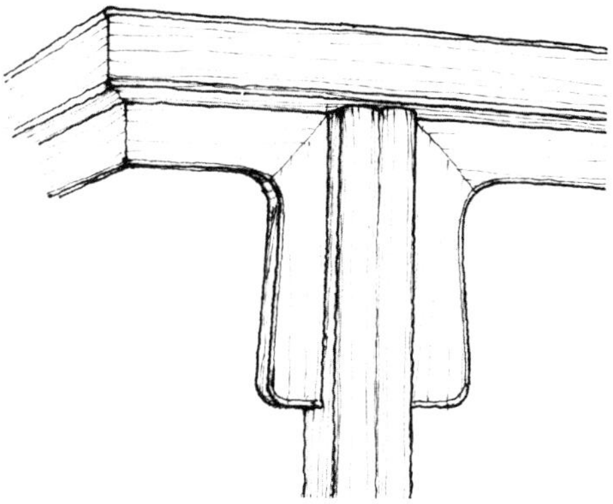

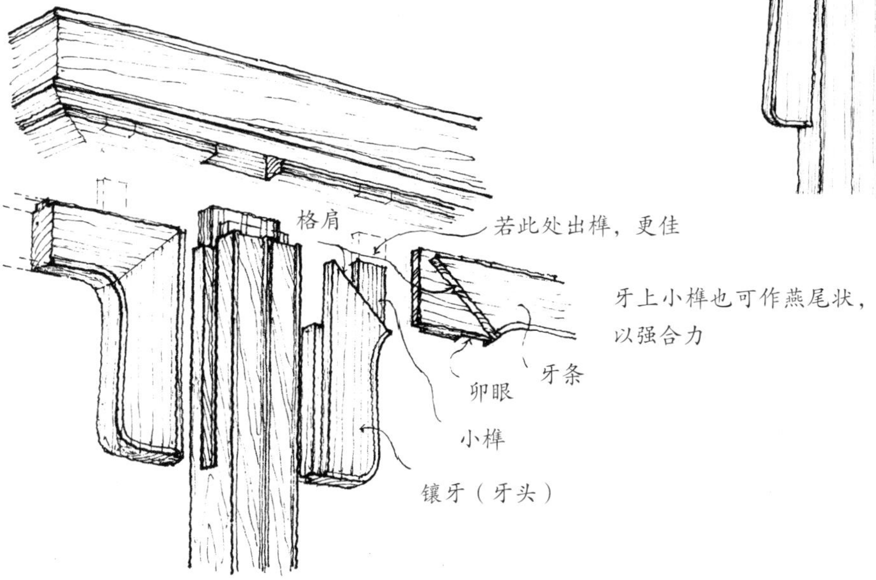

格肩
若此处出榫，更佳
牙上小榫也可作燕尾状，以强合力
牙条
卯眼
小榫
镶牙（牙头）

第四章　明式家具的结体和榫卯结构

夹

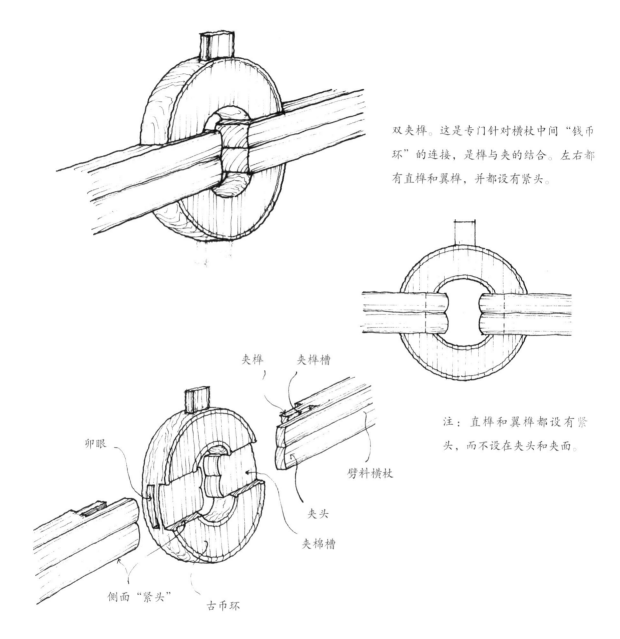

双夹榫。这是专门针对横枨中间"钱币环"的连接，是榫与夹的结合。左右都有直榫和翼榫，并都设有紧头。

注：直榫和翼榫都设有紧头，而不设在夹头和夹面。

夹榫　夹榫槽
卯眼
劈料横枨
夹头
夹棉槽
侧面"紧头"　古币环

明式家具赏析

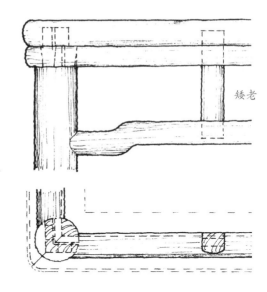

矮老

此为组合榫，双组双层横枨组合。上杖因材料较细而腿上难以凿卯眼，因此做燕尾槽投入，此处也称为"倒马蹄"，形成拉力，下杖的内互契榫撑住腿，上下两枨形成一拉一撑的稳固结构。这样的家具一般先将上下杖和矮老装配成型，在一并投榫于腿。

注：另有一种，即上枨的榫头也可作成似走马销状的拉力榫，由上而下插入；此时装配顺序需要先投横枨，后投矮老，再投装上枨。

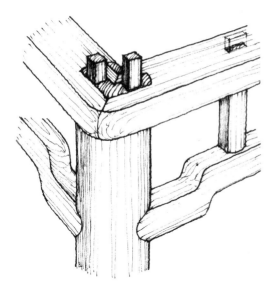

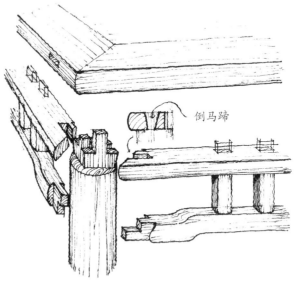

倒马蹄

第四章 明式家具的结体和榫卯结构

夹

藤面下方弓形横枨。俗称"固枋杖"为防止藤面边框缩胀起到稳固作用。分内外榫，外榫嵌入大边5厘米左右，并作燕尾状，由此形成夹力，形成双层榫，固力倍增。

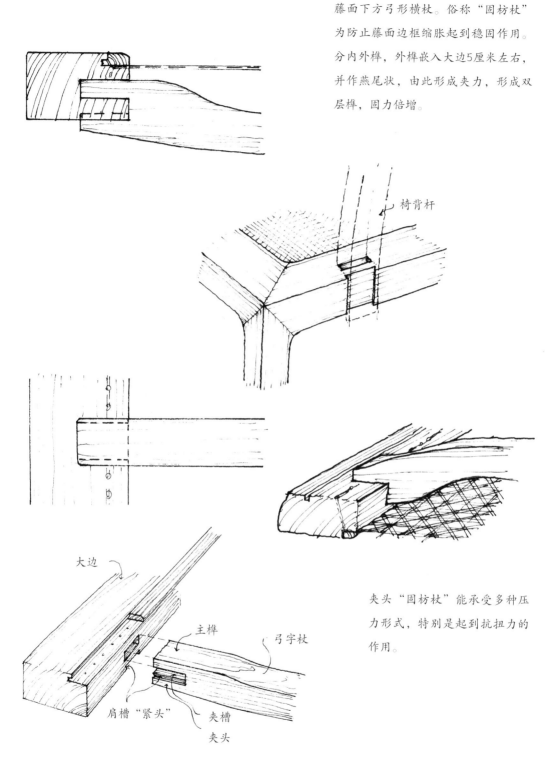

夹头"固枋杖"能承受多种压力形式，特别是起到抗扭力的作用。

夹

踏脚枨榫头。一榫一夹，抗脚踏上时候的扭转力。脚踏枨的外端头一般至推杆宽面的中心线，一般会在推杆上稍微挖掉一些，更为稳固。

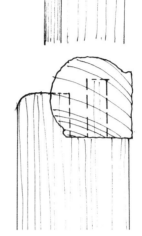

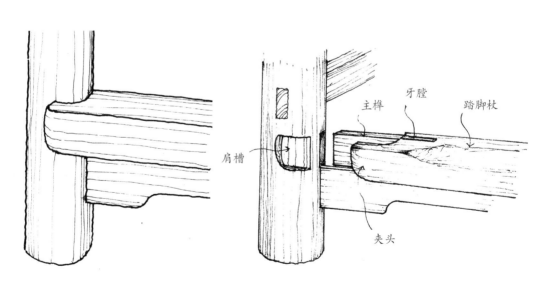

牙膛　主榫　踏脚枨
肩槽
夹头

第四章　明式家具的结体和榫卯结构

夹

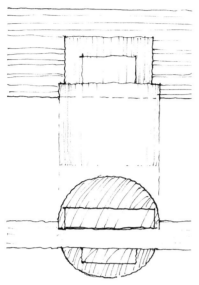

大桩榫。此为夹头榫上端头入大边的做法。将夹头榫腿部上端7—8毫米的部位一并嵌入大边"坑"里，形成强紧固力的大桩，可也避免制作时误差导致的漏缝现象。总之美观、好用。

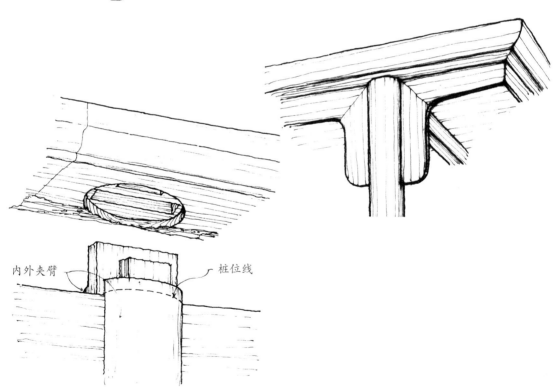

内外夹臂　　桩位线

扣

凡是"扣",此时其榫头似倒锥状,斜度为70°左右,卯眼在另两材(一般是底柜格角处)预备,两卯材一起组合扣住锥形榫,锥形榫头高一般在20—25毫米,扣榫外的边抹以窄为上。

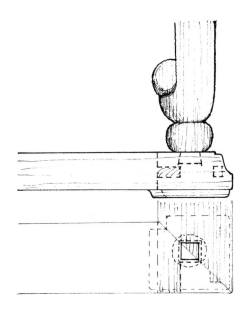

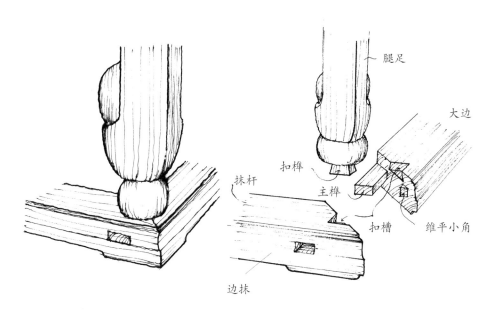

第四章 明式家具的结体和榫卯结构

扣

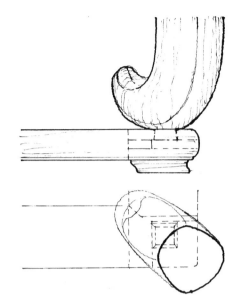

卯扣的坑位在一边的底托上，此法相对紧密且与底托的组合连接无关，相对上例而言操作简单且牢固。

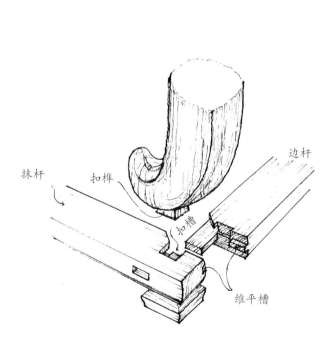

抹杆　扣榫　边杆　扣槽　维平槽

注：此法边杆与抹头齐肩，但一定要设"维平角"，以求边抹平整。

明式家具赏析

多重扣合。这是一个很复杂的结构，用于原型器物腿足与圆托泥连接结构。燕尾榫斜度以70—75°为宜。扣位于弯接处，且其下设有圈足，四材之间榫卯相互避让，又扣合严密，而外观整体简洁，不通理者不知从何开启。看似不显山露水，实则暗藏玄机。

扣

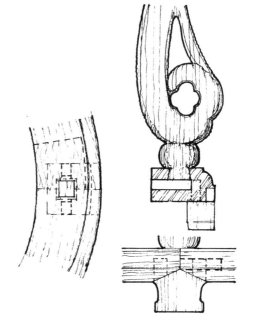

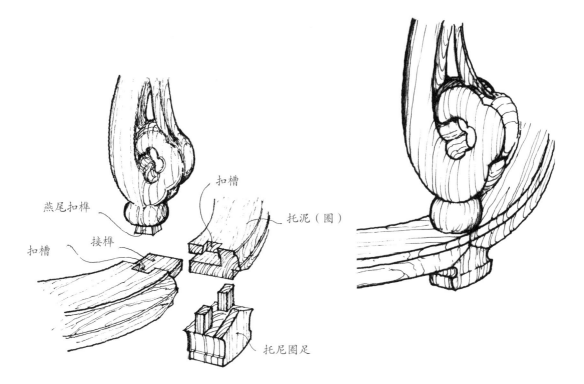

第四章 明式家具的结体和榫卯结构

卡

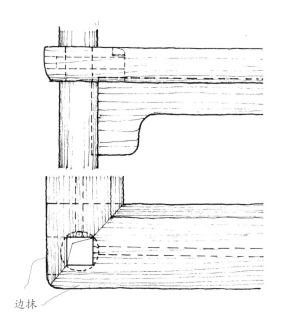

边抹

边抹卡结。腿的卡位处做方形或者原型，形成小方肩，与座面边抹形成牢固支撑座面，由于边抹置于推杆的卡位中，不得上下滑动。注意：腿杆设卡，以圆作方，方杆的四边挖进约5毫米即可。

类束腰的方形与上下圆形，形成四弧边的平面，卡于座面格角中

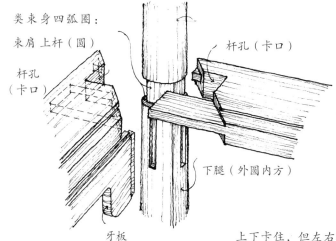

类束身四弧圈：
束肩上杆（圆）
杆孔（卡口）
杆孔（卡口）
下腿（外圆内方）
牙板

另有腿杆皆是圆形，且设的边抹卡洞也是圆的，此时腿杆下部分向内的一处楞不要倒圆，和牙板一起支撑座面。切不可在边抹沿侧加锲钉。

上下卡住，但左右抱夹，没有标准榫卯的紧头，只能尽量严密合缝。

明式家具赏析

方制"四面平"的衍生结构。腿上设卡槽，大边和抹头攒框格角置于卡槽处。成上圆下方的四面平结构。转配顺序为，现将抹头置于卡位，再投大边。此法有"结"之意，三材相结的榫卯均有紧头。

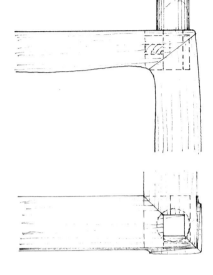

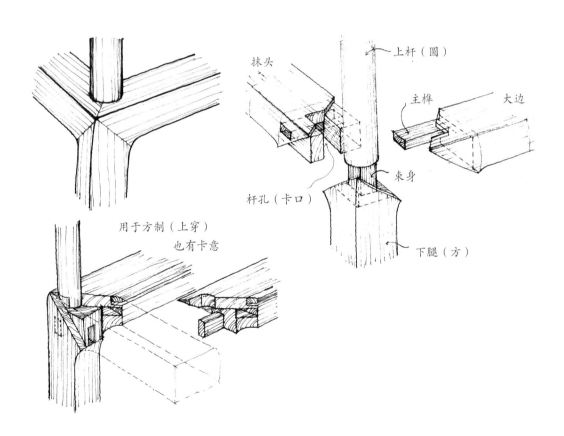

卡

此类似木建筑梁柱结构，立柱与十字枨组合，十字枨的宽窄尺寸可分为两法。（见图所示）

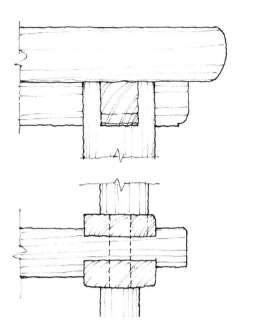

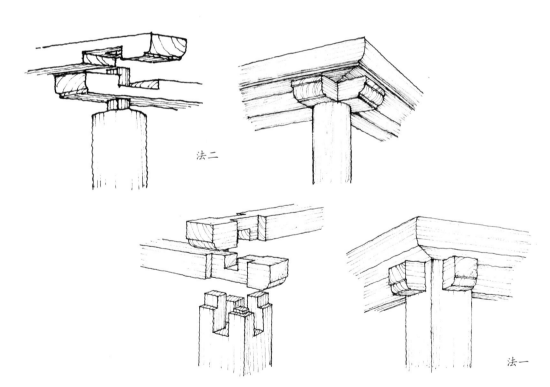

法二

法一

方制"四面平"的衍生结构。腿上设卡槽，大边和抹头攒框格角置于卡槽处。成上圆下方的四面平结构。转配顺序为，现将抹头置于卡位，再投大边。此法有"结"之意，三材相结的榫卯均有紧头。

卡

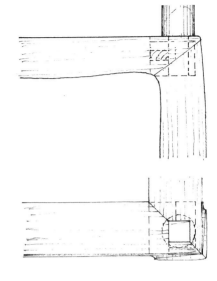

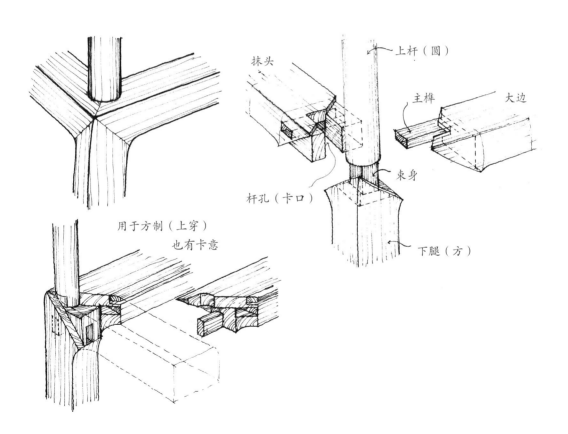

抹头　　上杆（圆）
主榫　　大边
杆孔（卡口）　束身
　　　　下腿（方）

用于方制（上穿）
也有卡意

第四章　明式家具的结体和榫卯结构

卡

此类似木建筑梁柱结构,立柱与十字枨组合,十字枨的宽窄尺寸可分为两法。(见图所示)

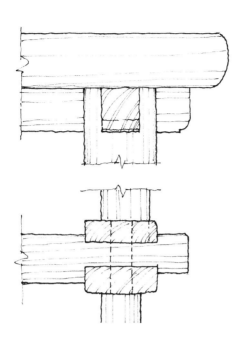

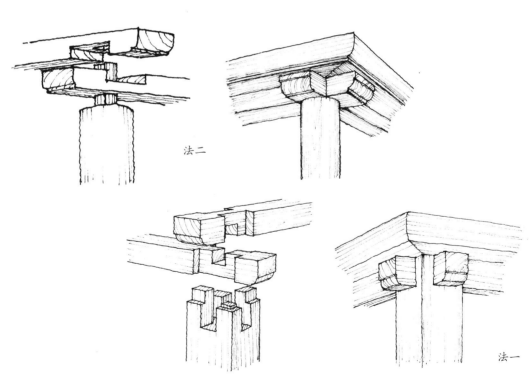

法二

法一

束腰卡腿法。此法是椅面的大边与抹头攒边格角与腿结合的结构，也设卡于腿上。（具体见图所示）这样的方式在束腰上有两种不同做法，细节上有点不同。一种是露腿，一种是不露腿，图中是露腿的效果，另一不露腿即是束腰延长相交包裹住腿的效果。

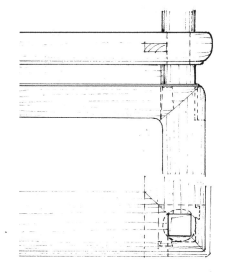

卡

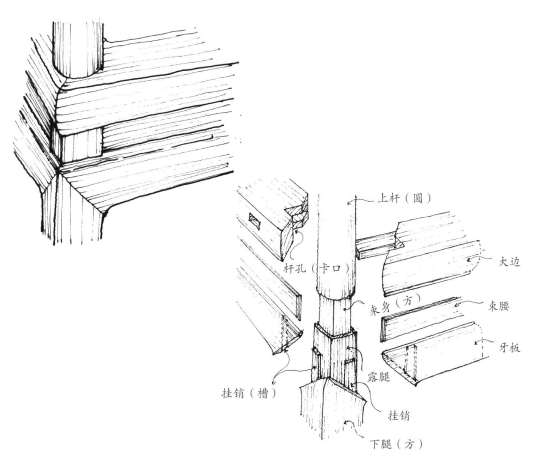

上杆（圆）
大边
束身（方）
束腰
牙板
杆孔（卡口）
挂销（槽）
露腿
挂销
下腿（方）

互

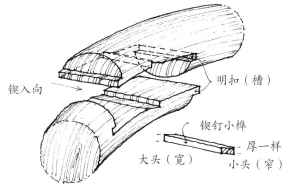

弯材互钩榫,也叫"锲钉榫",甲乙两材相互契合,再由锲钉栽入紧固。锲钉以甲乙拼缝中部作菱形的薄片为上,其窄面起到了反推力的作用,固定两材的合拢。

注:锲钉的紧头在两侧窄面,而非大面,栽面厚2.5～3毫米。锲钉宽:以2.5～3毫米为宜

"扣"宽不宜太宽,宁窄不宽
"扣"厚以材厚的1/7

注:锲钉的紧头在两侧,锲钉和明扣同厚。

1.75材径≤互契长≤2.16材径,且末计入"扣"宽

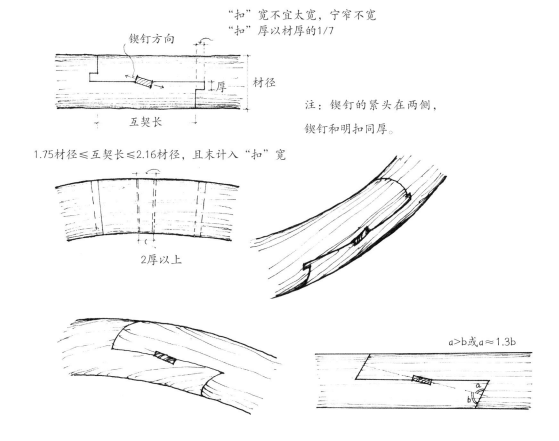

明式家具赏析

互

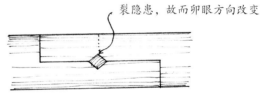

锲钉拉紧后,虚线处存在断裂隐患,故而卯眼方向改变

此法与前例不同,甲乙材各有暗扣,方形锲钉榫,并有大小头。

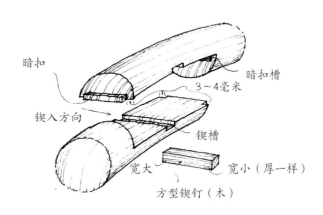

暗扣　暗扣槽　3~4毫米　锲入方向　锲槽　宽大　宽小（厚一样）　方型锲钉（木）

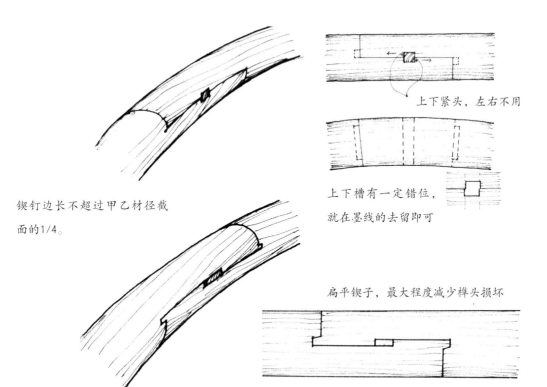

锲钉边长不超过甲乙材径截面的1/4。

上下紧头,左右不用

上下槽有一定错位,就在墨线的去留即可

扁平锲子,最大程度减少榫头损坏

注：注意长铆钉的尺寸。

互

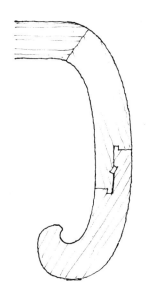

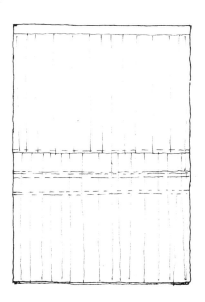

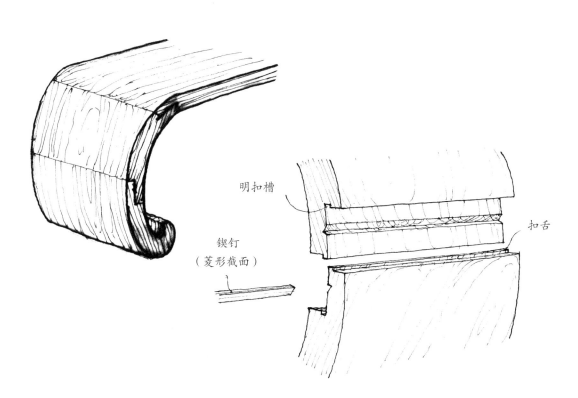

明扣槽

铆钉
（菱形截面）

扣舌

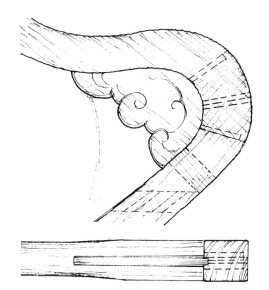

弯材互锲。交椅的大弯处连接，牙板与大弯上部一木连作，形成直榫和锲钉榫的符合结构。

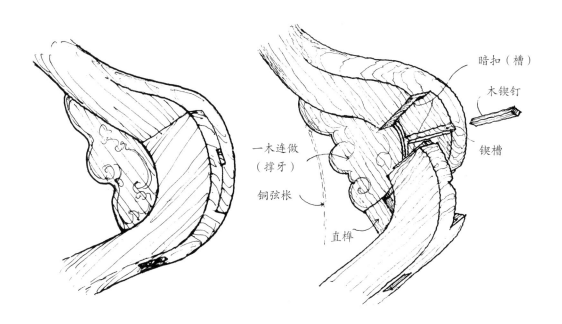

互

此法为针对厚材的双锲钉互扣。从外侧看非常简洁，只有两材中缝，但力量无穷，用在大和受力的圆弧连接。

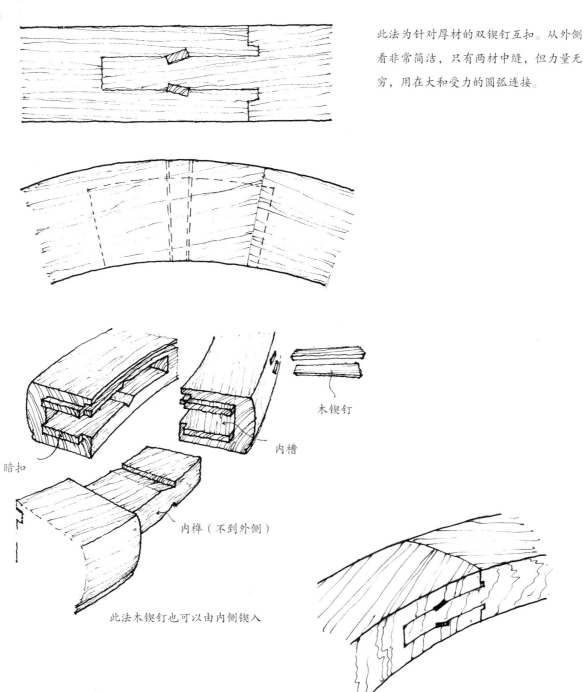

木锲钉

内槽

暗扣

内榫（不到外侧）

此法木锲钉也可以由内侧锲入

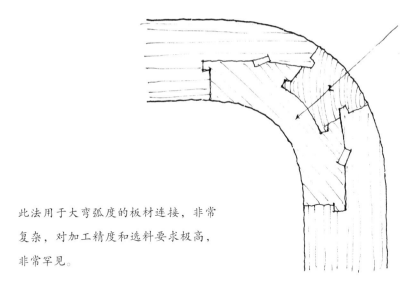

此法用于大弯弧度的板材连接,非常复杂,对加工精度和选料要求极高,非常罕见。

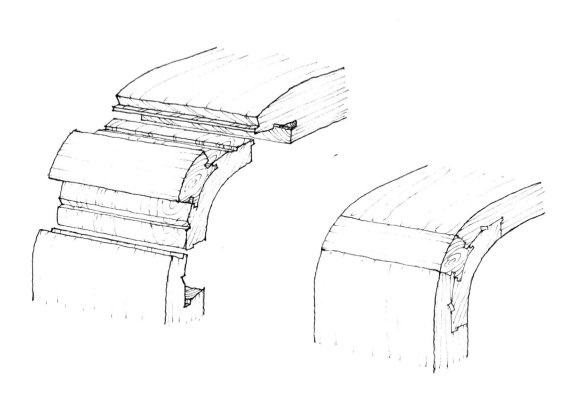

挂

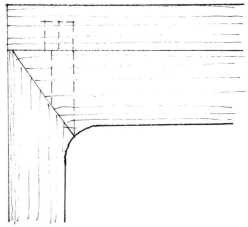

厚牙板与大方腿以挂榫格角连接，榫宽约1/3腿材径，榫厚约1/3~1/2.5牙材厚。挂榫的厚度必须兼顾牙板上的挂眼牢度，榫不能太大，致使三材收紧形成的三角太弱，要彼此均衡。

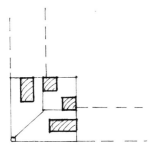

注：此为挂式，主要在于内在发挥紧固作用的燕尾槽，是由上而下的挂的方式运行。

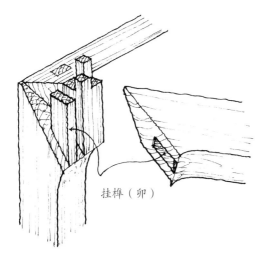

挂榫（卯）

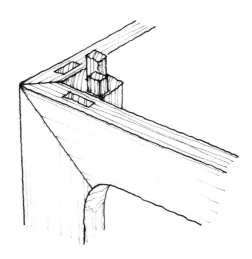

薄牙板内槽，实际上是挂式抱肩榫，可撑挂肩榫，用于四面平式样。关键是槽宽一般是腿径的1/3~1/4为宜，槽深与牙厚比例适中（见图），再者燕尾槽上小下大斜度适中。

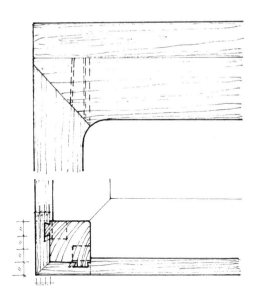

挂销的槽的深度一般为榫的宽度的1/4为宜，但不要小于10毫米。

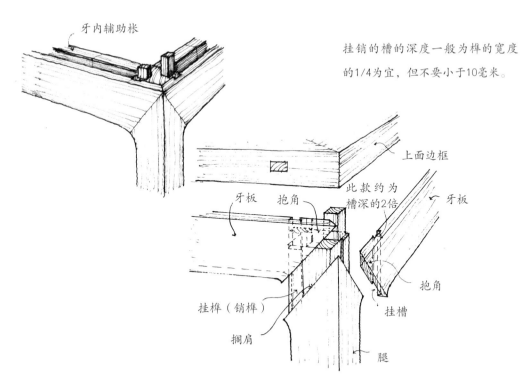

挂

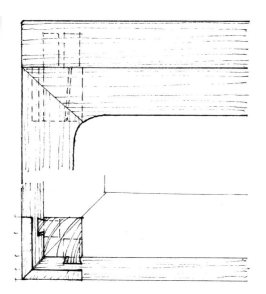

此榫较厚,增设舌牙头,形成插挂抱二衔的符合结构,完整的舌牙头加强了对销榫的咬合力。舌牙头、抱角、挂榫三者的厚度要均衡。

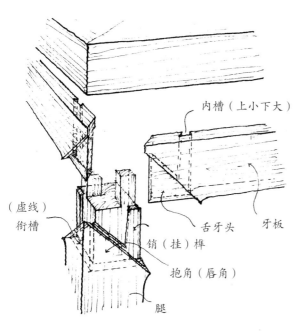

内槽(上小下大)
舌牙头
牙板
(虚线)衔槽
销(挂)榫
抱角(唇角)
腿

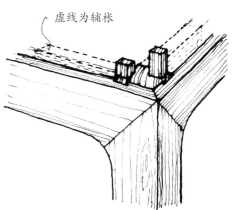

虚线为辅枨

明式家具赏析

束腰与牙板一木连做，内面开槽，槽深为束腰的一半，挂于腿的销上，同时舌牙头插入腿的衔槽内，这是束腰家具的标准做法之一。

注：按材选型，考虑束腰收进和牙板彭牙的轮廓。

挂

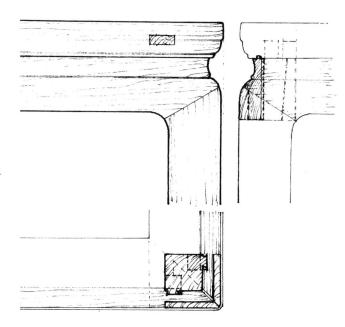

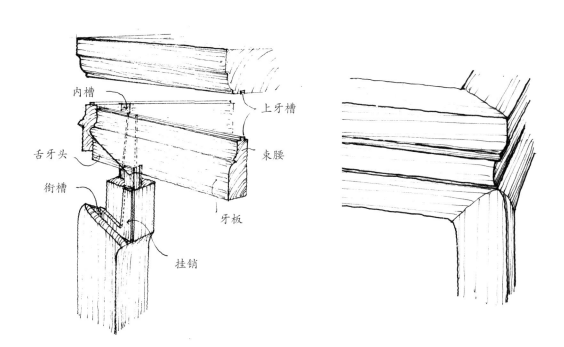

挂

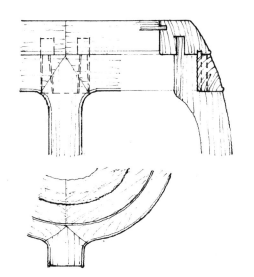

"圆边平"的两牙一弧作法。原理同抱肩榫，唯两圆弧的舌牙端处留1毫米空隙，以使两牙板与腿格角结合，更为紧密。

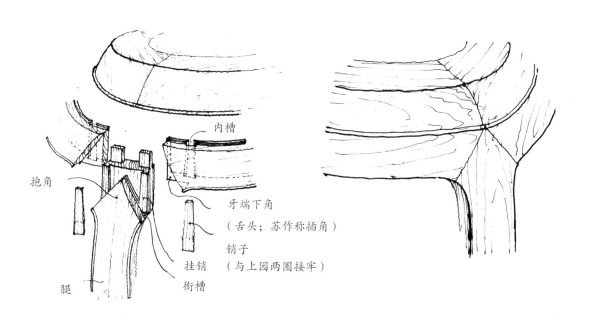

抱角　　　　　　　内槽
腿　　　　　　　　牙端下角
挂销　　　　　　　（舌头；苏作称插角）
衔槽　　　　　　　销子
　　　　　　　　　（与上园两圈接牢）

明式家具赏析

此为基本的束腰抱腿做法，此束腰板较薄，注意牙板厚度最薄在25毫米以上。

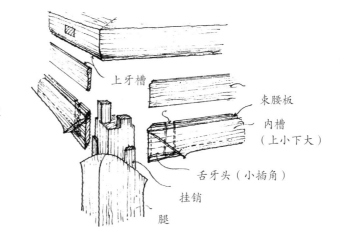

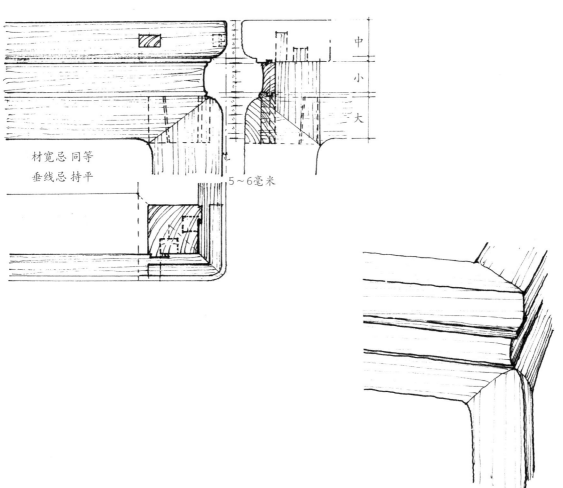

第四章 明式家具的结体和榫卯结构

挂

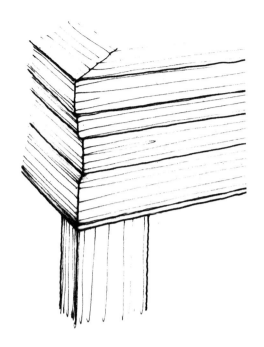

束腰板与牙板分材做法。牙板和束腰挂榫并裹腿，牙板下侧边做浅槽2—3毫米，增加牢固，使用中，搬拉过程中牙板受力不易脱落。

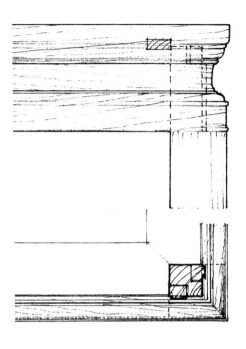

此法牙板面下沿起圆线掩饰与腿面的接缝

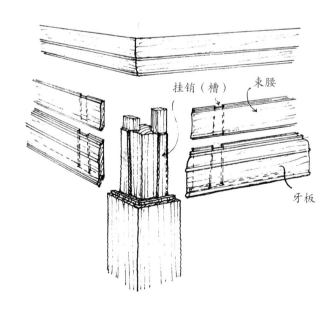

明式家具赏析

投榫组合做法，非常另类。与腿一木连做的斗拱上端榫接牙板，辅助抱肩榫结构更加稳定，装配时需要夹钳辅助，必要时另装销子固定。

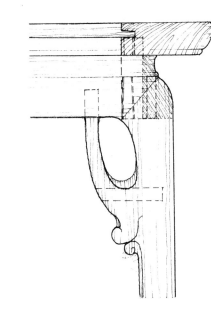

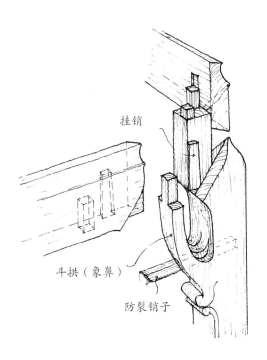

挂销

斗拱（象鼻）

防裂销子

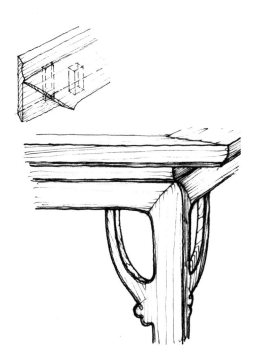

挂

圆束腰抱肩榫，是一重器结构。此法要坚固其挂榫宽度与燕尾槽外端头宽度比例，一般榫宽与槽端头宽为1：2，这样比较稳固。

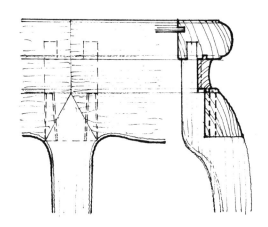

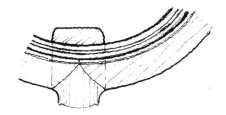

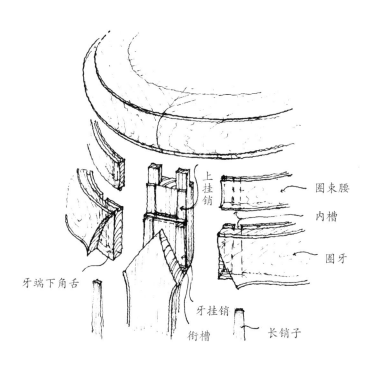

嵌槽抱肩榫。牙端竖向开槽，成夹层牙角，腿上端开L型深槽，形成腿牙双层互夹，夹中有槽的复合咬合结构，非常可靠，使用广泛。古有"将军榫"之誉。主要是牙板上格角与内榫及夹槽的间距分配，不可过于悬殊，紧头同样在牙板槽内的截面（内槽两侧）上。此法牙板较厚，一般为30毫米以上，腿足比较粗，一般为90毫米以上。

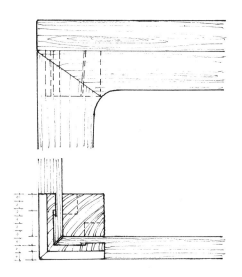

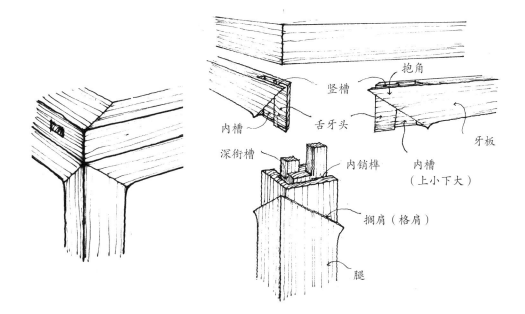

抱

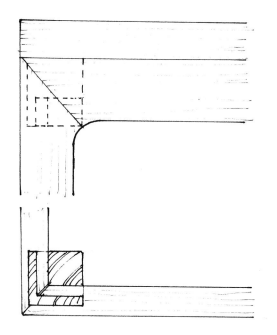

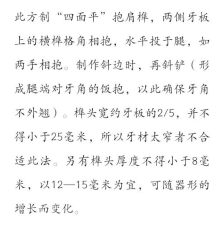

此方制"四面平"抱肩榫,两侧牙板上的横榫格角相抱,水平投于腿,如两手相抱。制作斜边时,再斜铲(形成腿端对牙角的饭抱,以此确保牙角不外翘)。榫头宽约牙板的2/5,并不得小于25毫米,所以牙材太窄者不合适此法。另有榫头厚度不得小于8毫米,以12—15毫米为宜,可随器形的增长而变化。

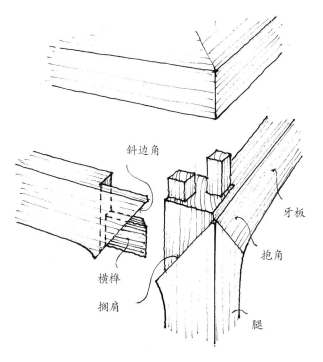

斜边角
横榫
搁肩
牙板
抱角
腿

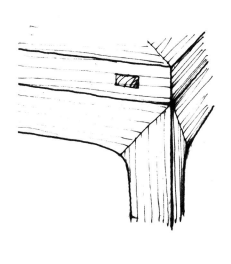

明式家具赏析

抱

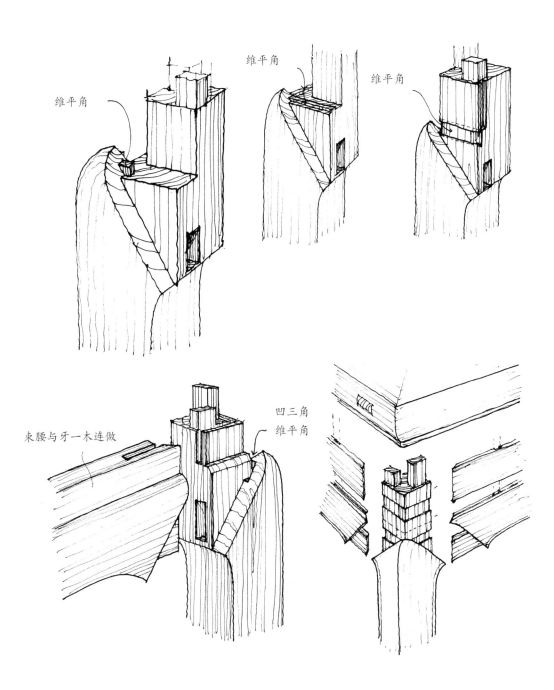

抱

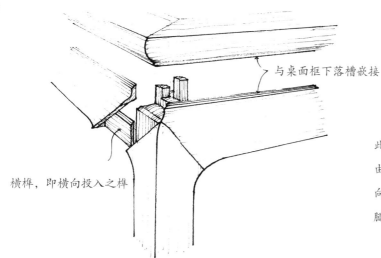

与桌面框下落槽嵌接

横榫,即横向投入之榫

此为隐束腰抱肩榫,也称为矮束腰,是由牙板上沿边略修整而成。牙与腿是横向满榫,但注意榫不要过宽,否则影响腿槽对应卯眼上部的咬力,防止崩裂。

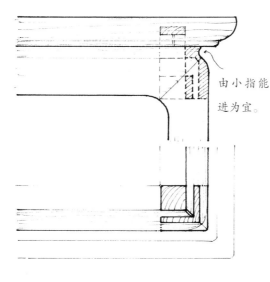

由小指能进为宜。

彭牙抱肩，高束腰，其厚牙材做大彭牙弧，横榫露柱。榫卯呈现头小颈大的阶梯状，紧头摩擦力不减，此牙是大弯彭形，不用设维平角。

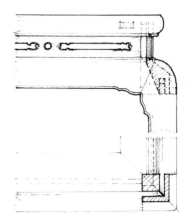

抱

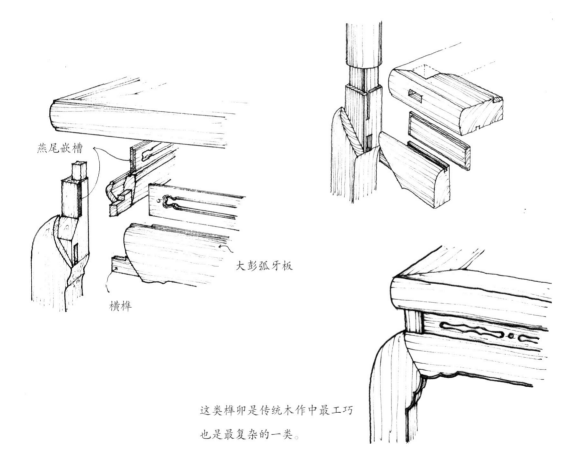

燕尾嵌槽

大彭弧牙板

横榫

这类榫卯是传统木作中最工巧也是最复杂的一类。

抱

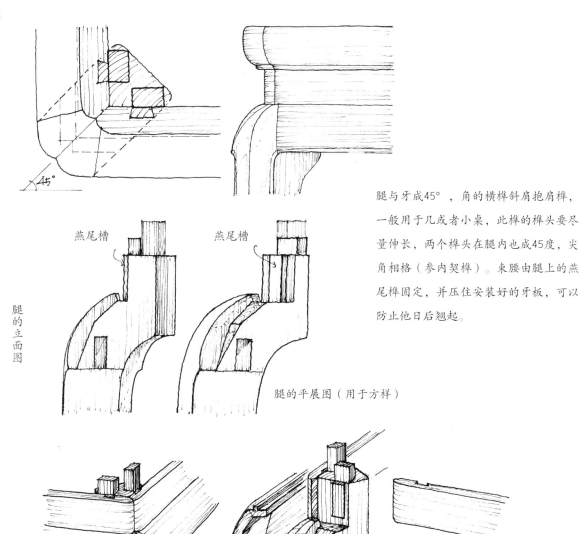

腿与牙成45°，角的横榫斜肩抱肩榫，一般用于几或者小桌，此榫的榫头要尽量伸长，两个榫头在腿内也成45度，尖角相格（参内契榫）。束腰由腿上的燕尾榫固定，并压住安装好的牙板，可以防止他日后翘起。

燕尾槽　　燕尾槽

腿的立面图

腿的平展图（用于方样）

明式家具赏析

抱

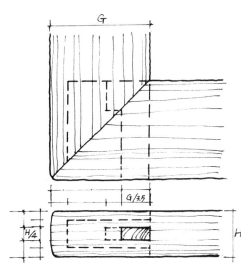

用于大型桌案的边框，尺寸较宽厚。此榫厚以材厚的1/4为宜，并以阶梯榫大进小出为宜。包裹抹头的格角榫无须太宽。

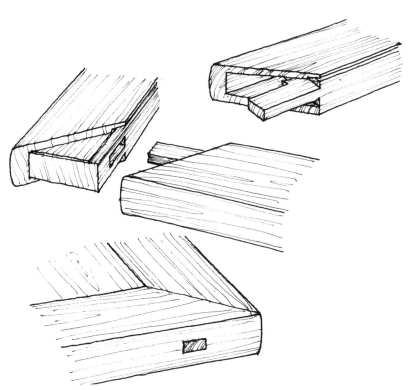

抱

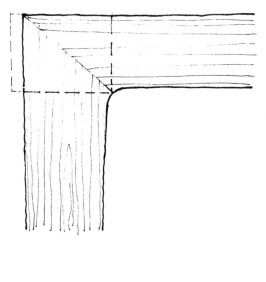

此为超薄牙板的做法,材厚为6—7毫米。这种薄的牙板一般嵌入主杆或者面枋槽内,嵌深为5、6毫米,不宜太深。

若在背面的横材端再出头5—8毫米小榫,投入主杆后更稳固。

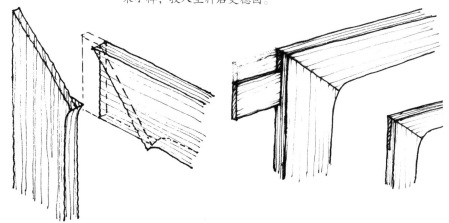

明式家具赏析

牙板正背面格角中相互咬接，其榫厚为板厚的1/4。此做法相较前者板材稍厚，一般厚15毫米，嵌入主杆的槽不用与板同厚，减薄为宜，不可伤腿。

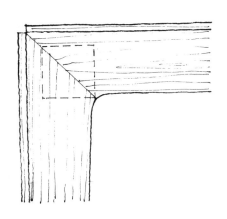

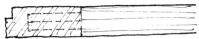

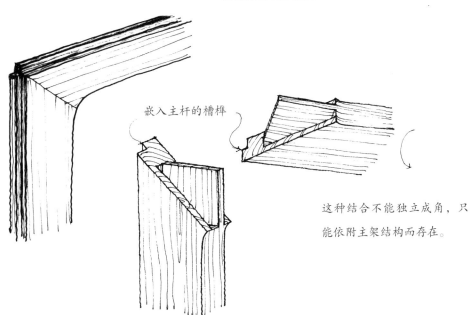

嵌入主杆的槽榫

这种结合不能独立成角，只能依附主架结构而存在。

格

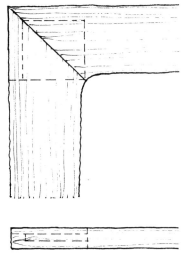

此为厚材11—13毫米的单面格角做法，正面格角背面齐肩，榫厚为板的1/3，凹槽挖取相对过一点，这样能缝合严密。此法中一牙板的小角伸入另一牙的角缝中，是单角单含。

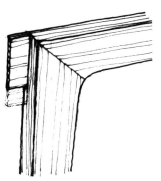

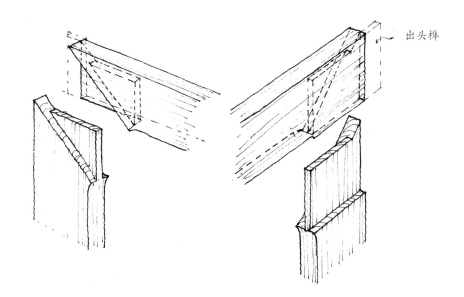

出头榫

凡此类薄板，应尽可能入嵌到主材槽内，或横材端出榫插入主杆卯眼，更为稳固。

合适材厚8—10毫米的做法，双面格角，中作浅槽和舌簧，要合理角度，故而不能为椅几等受力大的家具牙板，多用于装饰构件。

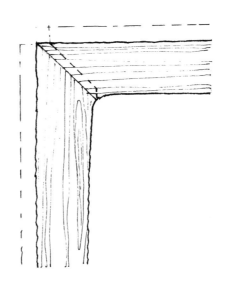

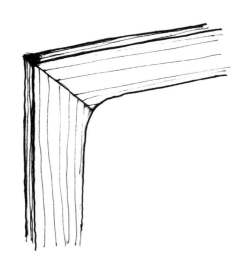

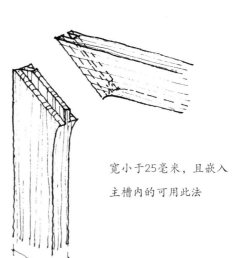

宽小于25毫米，且嵌入主槽内的可用此法

格

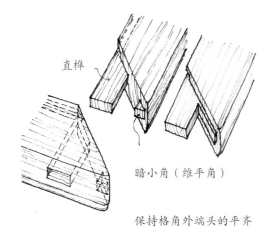

直榫

暗小角（维平角）

保持格角外端头的平齐

边抹格角榫，用于桌面、凳面的边抹格角，承受力较大。榫头的厚度宜在边材的1/3.5左右，榫宽为材宽的2/5左右，在格角外端设维平角，可明可暗。

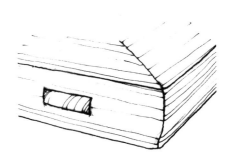

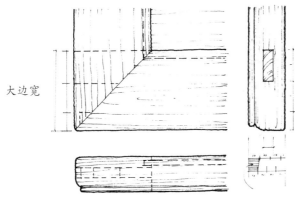

大边宽

榫宽小于材宽的2/5为宜

榫厚的合理区间

此榫头为大进小出，能增加榫卯的抗力，必须配合明维平角。这既能实现榫颈宽大，又不会导致因卯眼太窄造成的咬合力减弱问题。

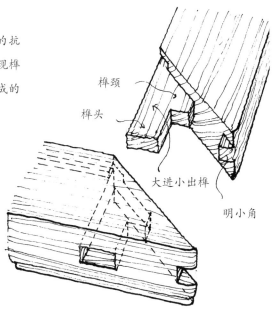

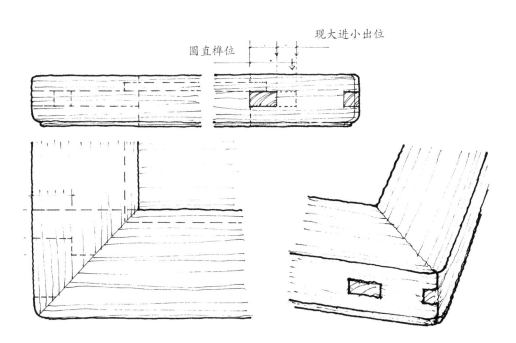

格

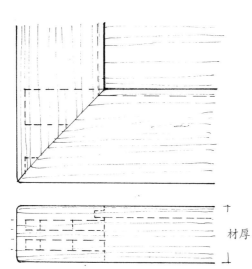

此为厚材格角法,采用双榫双角,或者双榫单角,榫头或明或暗,一般4厘米以上边抹材可以此法,每层的厚度约为材厚的1/6,3.3厘米以下的边抹材不宜用。

材厚

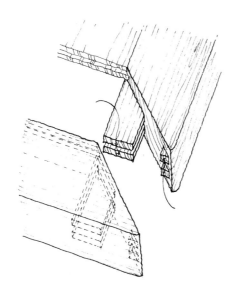

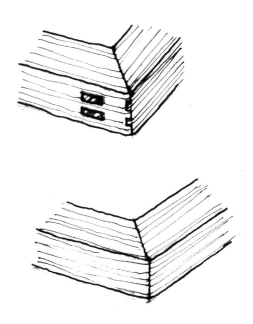

明式家具赏析

同理，视厚材将双榫作成大进小出，稳固力更强。此法较适合于边抹窄而厚的格角做法。

攒框的明榫比例很见功夫，凡有传承的匠师，对比例尺度的把握都特别合规，从结构受力上看，格角受力均衡的榫卯最为牢固，内在的合理力量外溢到外在的"分割线"（缝线），这时也恰巧是最为美观的，形成力与美的视觉表现。

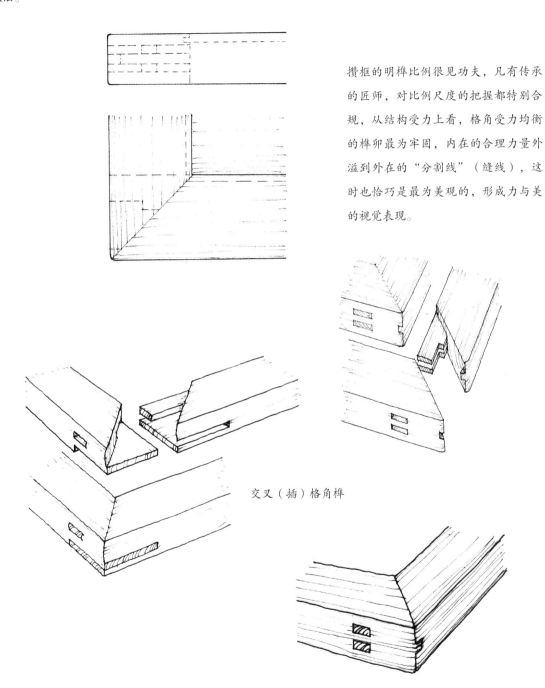

交叉（插）格角榫

第四章　明式家具的结体和榫卯结构

格

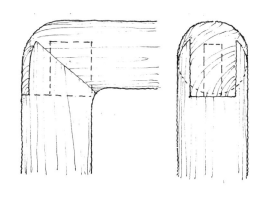

这种做法有挖烟袋榫之长,也有格角之优秀,中间出榫的榫颈位外侧多了两护翼,侧向抗力更强。

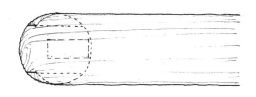

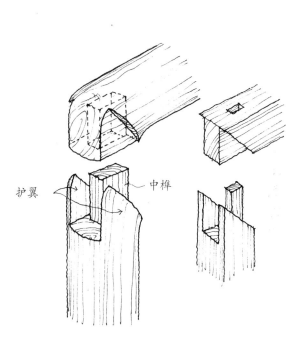

护翼　　中榫

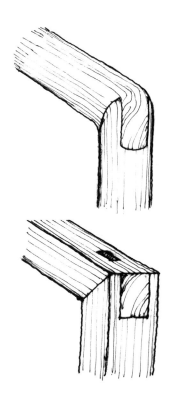

挖烟袋锅榫。为了尽可能增大榫头宽度，同时确保卯眼外侧端有厚度，将卯眼位置向内角偏移，并将榫头做成阶梯状（大进小出），要合理增加。做法特点：卯眼内侧部分另凿出0.2—0.5毫米，待向里侧5—6毫米厚再有"紧头"，以确保内圆里侧不裂。方材同理。

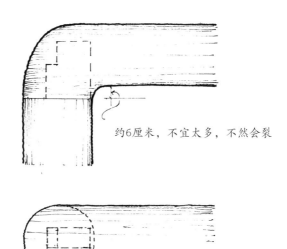

约6厘米，不宜太多，不然会裂

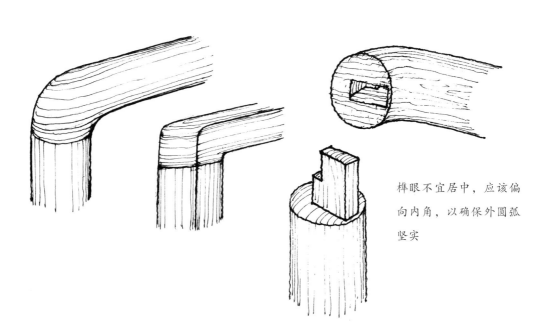

榫眼不宜居中，应该偏向内角，以确保外圆弧坚实

格

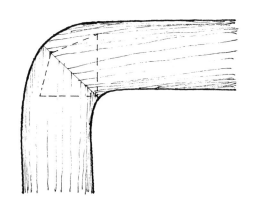
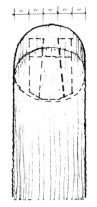

圆材"二夹"闷榫格角，方才也有同理"二夹"。此法内榫为燕尾榫，旨在使用时扶手上拉而不散。榫头与燕尾头做成斜夹，以尽量延长夹力。

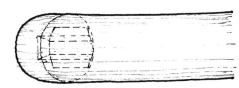

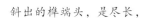
斜出的榫端头，是尽长，增加榫的咬合力

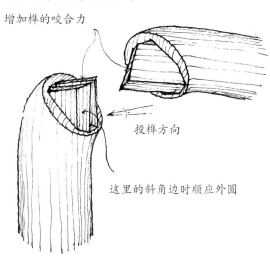

投榫方向

这里的斜角边时顺应外圆

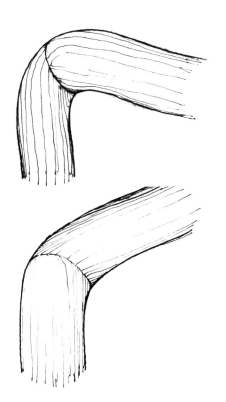

明式家具赏析

格

四等分

不宜太薄，约6—7毫米

小内圆角

两方材单出榫的闷榫格角，此法为较细材做法，榫与卯的厚度为1/4。

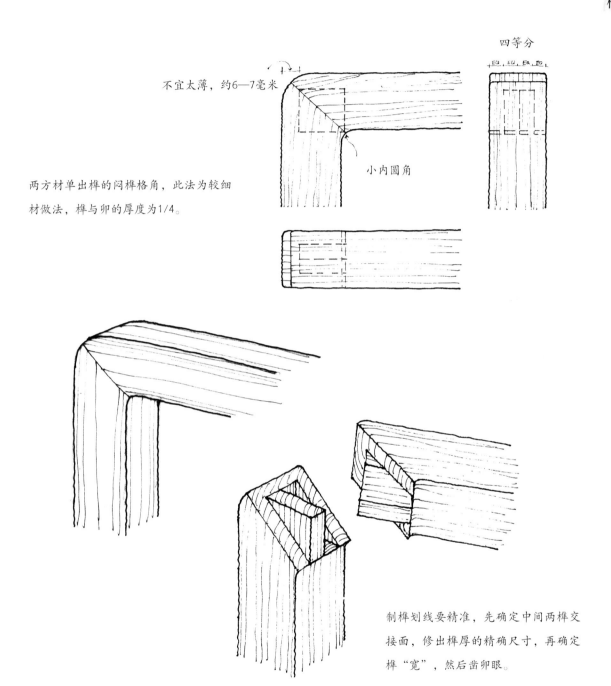

制榫划线要精准，先确定中间两榫交接面，修出榫厚的精确尺寸，再确定榫"宽"，然后凿卯眼。

格

使用中向上拉的力出现频率高

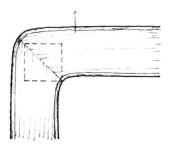 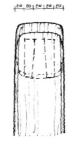

五等分，中榫为燕尾状

此为上才扶杆的加固法。两方材一单一双闷榫格角，用于扶手居多，一般竖材出两翼榫，中间成上小下大的燕尾卯眼，而横材中间出一榫横向投入两榫中间。

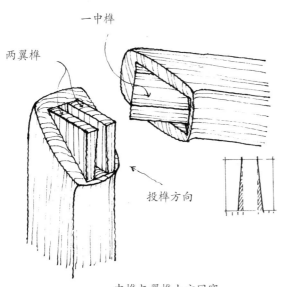

两翼榫　一中榫

投榫方向

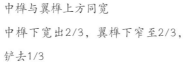

中榫与翼榫上方同宽
中榫下宽出2/3，翼榫下窄至2/3，
铲去1/3

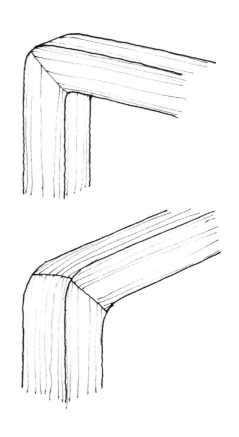

明式家具赏析

翘头与抹头一木连做，且背面格角。此格角榫，面上插翘头，面下也格角，榫头或明或暗皆可，形成格、眼、槽三榫二壁的多重衔接，外美而内固。此法是满榫格角，在抹头端多出三角卯肩，延长卯眼深度，同时大边满榫上方作榫翼，嵌入翘头凹槽，与后加的嵌板持平。此法是大案专用，大边厚而宽。

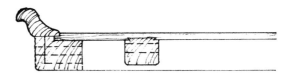

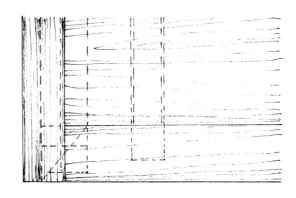

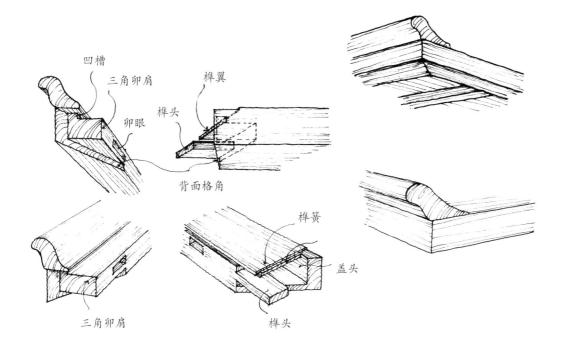

格

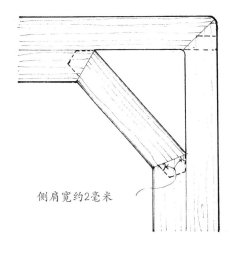

侧肩宽约2毫米

注：三角的斜边接材，因榫短且"梯形"并分为两钝角，有撑力，但是"维平"力很小。

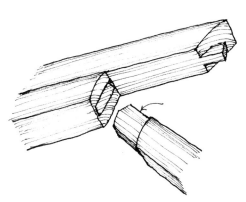

材宽因"劈料"，榫长宽均减半。所以小格也是维平榫的关键，如果此格角依附于主杆框架，此小角可以省略。

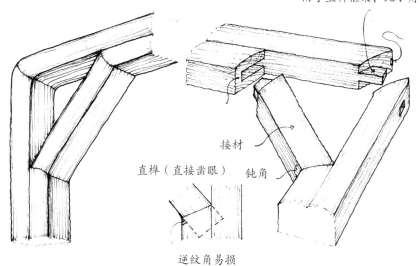

接材

直榫（直接凿眼）

钝角

逆纹角易损

明式家具赏析

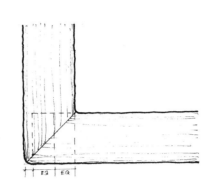

闷盖厚约4毫米

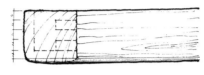

此法针对面窄而材厚的情况，正面格角，反面齐肩，一般为镜框所用。

榫头紧头减少一半

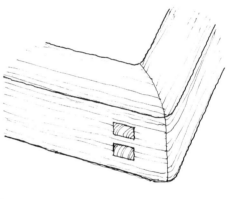

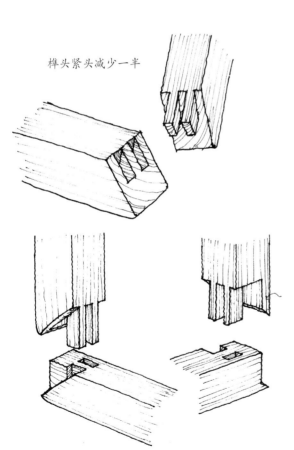

闷盖厚约4毫米以上，即使精致小器上，其盖也应2毫米以上

格

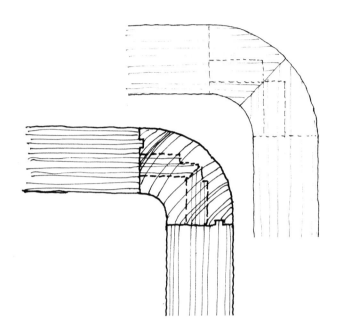

两厚板直接格榫于中间连接件。此法的榫头可根据板宽增加多个,榫头的长依卯材圆弧之面往内10毫米为限,榫头端做斜面更佳。榫头不要设在板的中间,而是往下往里,这样榫头就可稍长或者再将其做成阶梯状。这里所谓"折"指横竖两板同时直榫于中间的杆,横竖两板没有直接的"紧头"。

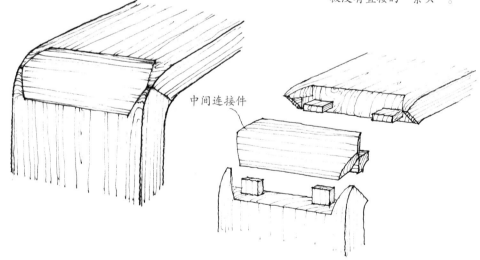

中间连接件

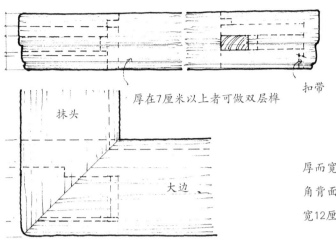

厚在7厘米以上者可做双层榫

扣带

抹头

大边

厚而宽的大方材，满榫格角，正面格角背面不格角，冰盘沿边流畅，抹材宽12厘米以上可用此法。

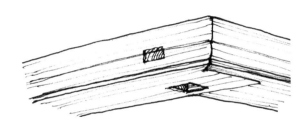

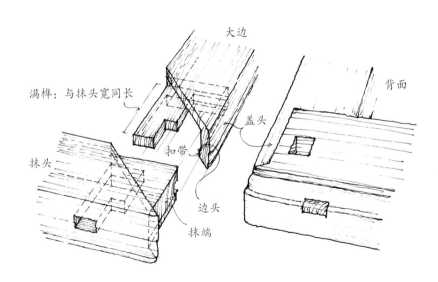

大边

满榫：与抹头宽同长

背面

盖头

扣带

抹头

边头

抹端

第四章 明式家具的结体和榫卯结构

交

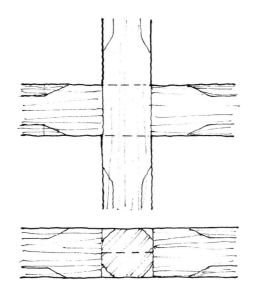

双材十字交叉。相交时各半材相契互让。在锯料时槽宽要减少0.2毫米作为余量，使之结合"紧恰紧"。

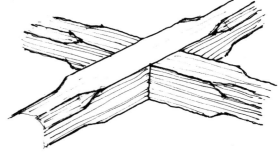

材杆的厚度不宜太薄，一般要在2.6厘米以上，密度大者可酌情减少。

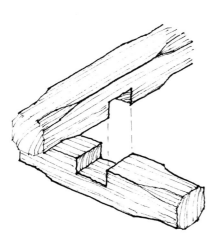

明式家具赏析

双材十字交叉，正面小格肩，交面美观但易折断，因此计量上下截面尺度的均衡很重要。

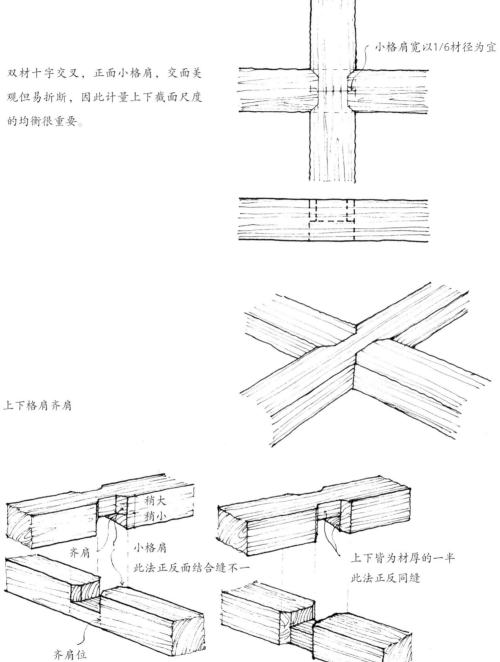

小格肩宽以1/6材径为宜

上下格肩齐肩

稍大稍小

齐肩　小格肩
此法正反面结合缝不一

齐肩位

上下皆为材厚的一半
此法正反同缝

交

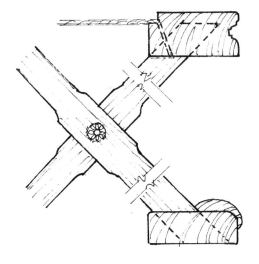

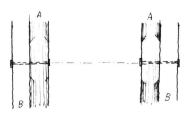

交椅的腿杆,活络双栓(可折叠)连接,也可用于折叠式琴架或将两栓垂直一线,作折叠盆架等。

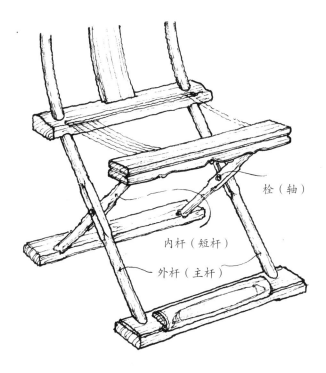

栓(轴)
内杆(短杆)
外杆(主杆)

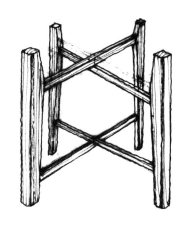

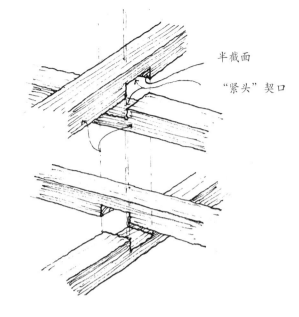

半截面

"紧头"契口

交

这是两个半榫的组合，相交相契，各材对应的契口，各深至材厚的一半，两侧同样留有紧头。

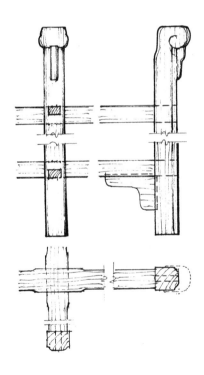

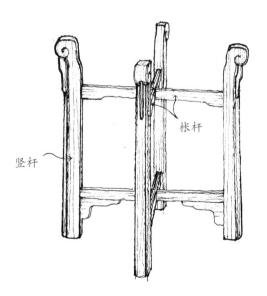

帐杆

竖杆

第四章 明式家具的结体和榫卯结构

抹

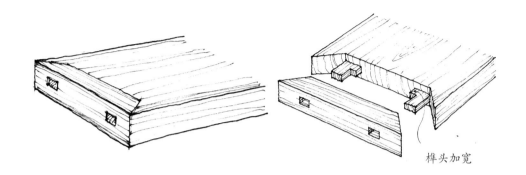

榫头加宽

此法为独板抹边法，是遮盖板截面的常规做法，但缺点明显，不太符合木性，中间的整板有可能因为缩胀发生榫卯偏移，而导致开裂。往往每年都需要修正。

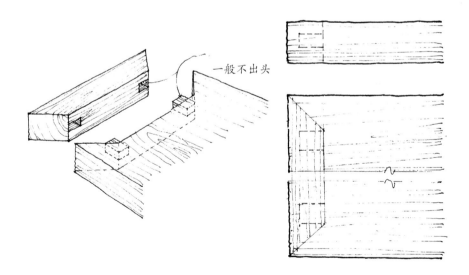

一般不出头

明式家具赏析

抹

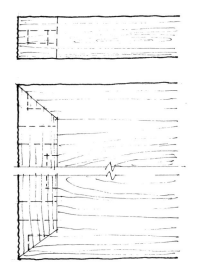

此法将两端的榫颈间隆起不相连，不减少榫头的"紧头"，又有中间"槽"的连接，同时在格角处增加小暗角，更加牢固。一般用于较大的面板。另有一种介绍厚板抹截法，是由上而下的插合法，如图参式二。

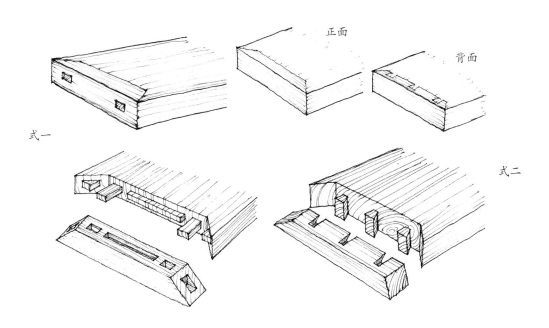

抹

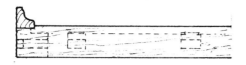

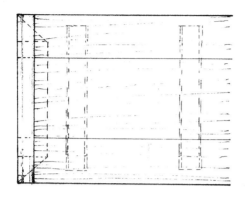

此法抹头材较小，翘头可与抹材一木连做，边抹的格角在翘头条下。另一种做法是翘头与抹材分开，以锲钉榫连接。（见图法二）

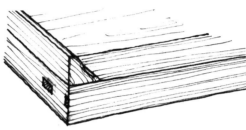

 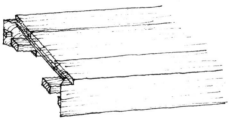

法一：翘头较窄者，抹头面下挖，留出面板的厚度，投装后面上之间大边与翘头，不见抹头。

 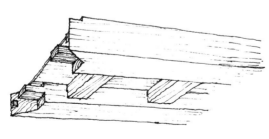

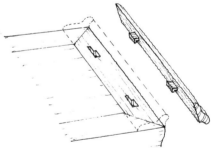

法二：翘头较宽者，抹头凑到与之同宽投装后，翘头把抹头完全遮在下面，亦在面上不见抹头，清爽美观。

明式家具赏析

抹

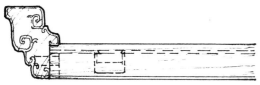

翘头抹头同材，即一木连做，大面无格角，翘头上开槽用于嵌板，与两边的封槽交合。抹边上的嵌板凹槽深12毫米左右，两头设凹缺"方块"，以防大边变形，用作维平之用。

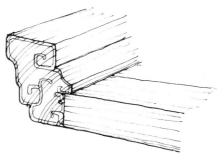

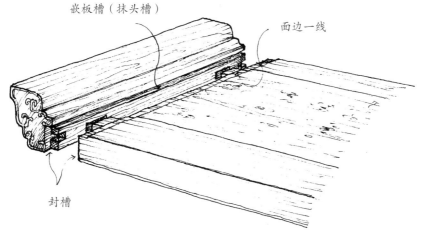

嵌板槽（抹头槽）

面边一线

封槽

第四章　明式家具的结体和榫卯结构

抹

厚板抹端头，为厚板的封边法。在抹面板与厚板的两格边角要略小于45°，大小头燕尾榫与槽的深度以抹面板厚的一半为宜。

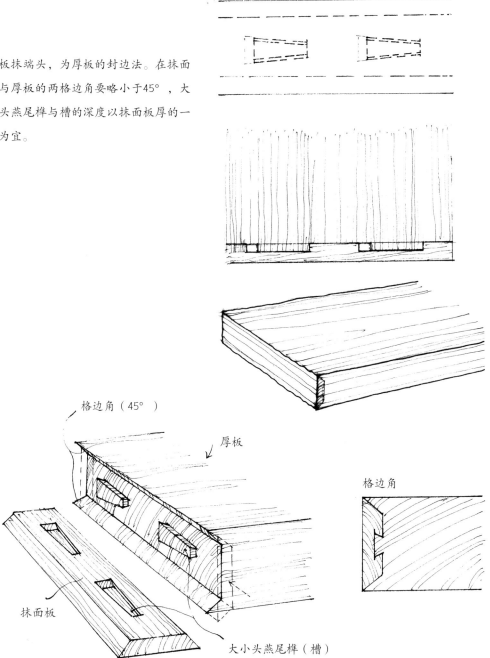

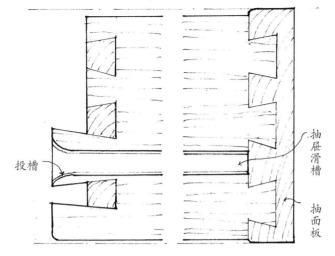

抽屉面板的做法，用抽屉面板的截端做燕尾榫头，与抹盖内侧燕尾槽抽合，格角合缝，美观而不散，也是符合榫卯法。

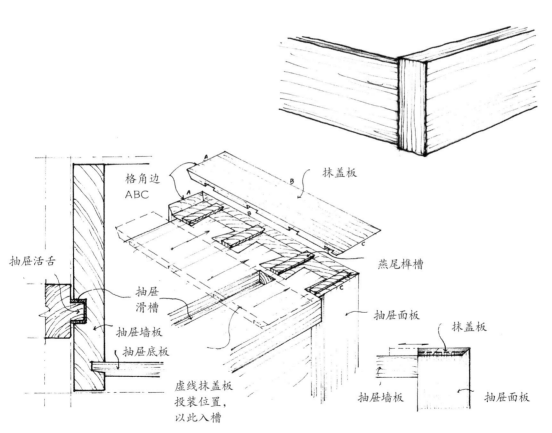

斗

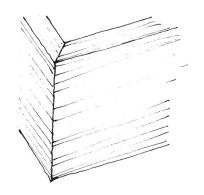

两板同纹端头齿直角闷榫咬接。齿与齿相斗相咬，依照木纹及投榫方向，分榫与卯，榫厚对应卯宽。制作要点：一般两榫距是厚的2～2.5倍为佳。其内燕尾斜角度以75～80°为宜。外遮盖榫头的护皮（闷盖）不小于3毫米。如果板太薄，可改用透齿斗角榫。

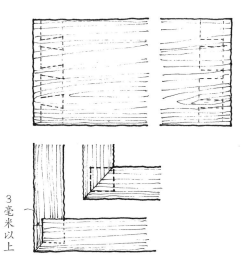

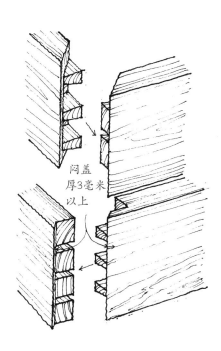

闷盖厚3毫米以上

3毫米以上

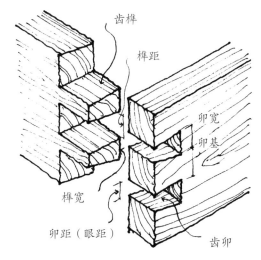

两材同纹端头齿状直角咬接。齿外小内大，一般榫距大于榫头宽。齿角榫对应卵距的宽度一般不要小于板厚的1/2，也不要大于板厚的2倍。

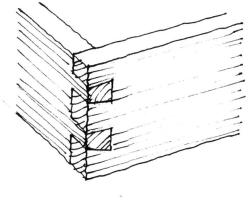

榫距大于榫宽的技术原因：放大卯基（即榫距），可以在投装时减小冲击损伤。

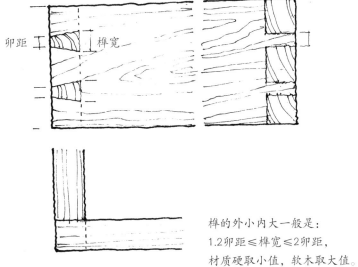

榫的外小内大一般是：
1.2卯距≤榫宽≤2卯距，
材质硬取小值，软木取大值。

第四章 明式家具的结体和榫卯结构

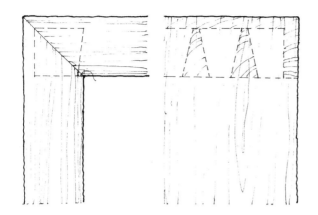

此法用于厚板几案,面板由此可具备较大的承重力。在榫头与卯槽作燕尾状齿合时,在竖版齿内侧铲斜,留有6毫米的"平肩带",这可很好地分担榫头的受重。

注:此处的齿状要悬殊点,以抗左右摇晃的外力。

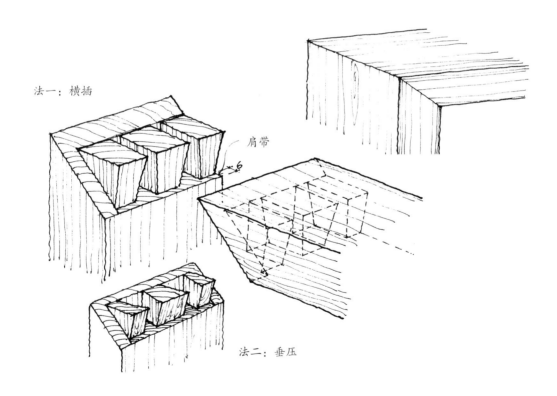

法一:横插

肩带

法二:垂压

此斗榫用于大弯弧制作长舌齿榫头。由于腿板上端木厚，故无须设肩带。

齿卯

投向

长舌齿榫头

注：舌齿榫头要长

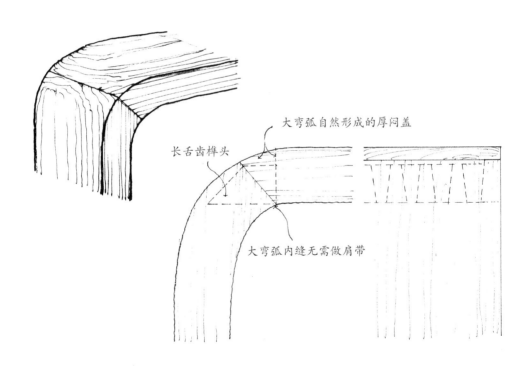

大弯弧自然形成的厚闷盖

长舌齿榫头

大弯弧内缝无需做肩带

销

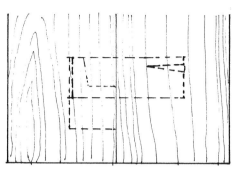

厚板同纹平面拼接,另栽走马销。走马销是栽榫原理上的升级,栽入一头深度要略长于走马销段。走马销一般不全部做成大小头,而是留有一部分,保留销榫的抗折力,保留的宽度为销宽的1/3~1/4。

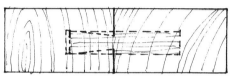

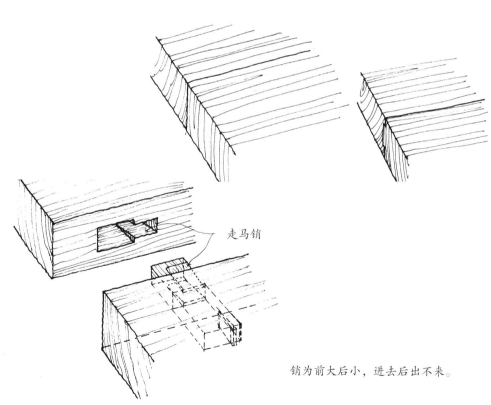

走马销

销为前大后小,进去后出不来。

在一根材上做走马销，方材原材皆可以，这是梯子枨上的走马销。

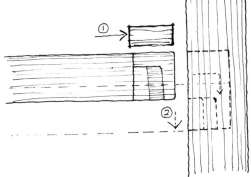

走马销在投榫时有方向，头榫后另加锲钉榫，在隐蔽处不易察觉。

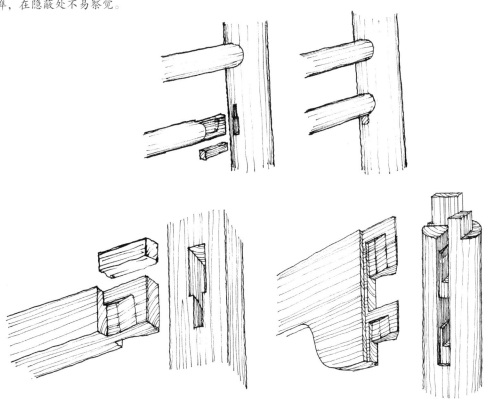

销

销

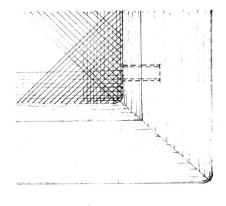

穿带销。仅作定位，作燕尾状，收住镶边压条不翘起即可。薄穿带宽约12毫米，厚3—4毫米。销的端头与床杆背孔接通，以便销的退出，能反复使用。席压扁，箱盒柜压玻璃的内边框也用之，此销薄，微有大小头，呈倒燕尾状。面框下另设退销口，以便撤销时用"杆针"顶出。

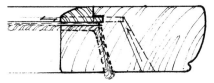

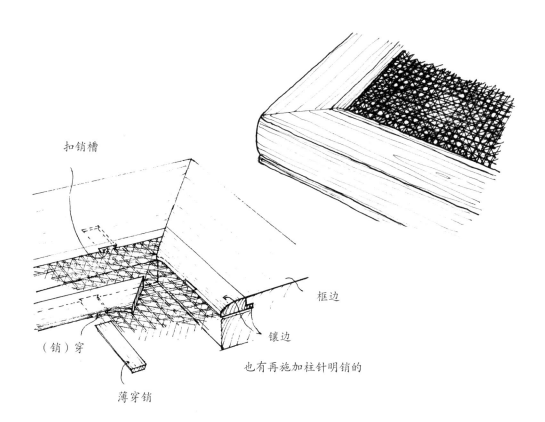

扣销槽

（销）穿

薄穿销

框边

镶边

也有再施加柱针明销的

销

围板走马销。重点是增加"位脊",增强侧向的抗力,为复合结构,适合经常拆装的状态。

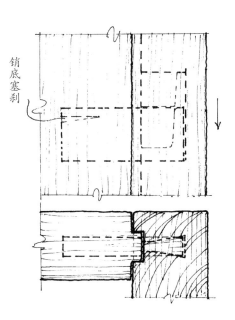

销底塞刹

注:一销千斤力,销的材质最关键,以直纹密度高的为上。

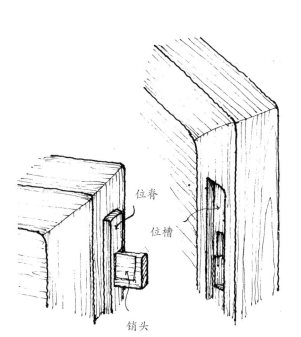

位脊
位槽
销头

注:位槽为3—4毫米深12—15毫米宽。

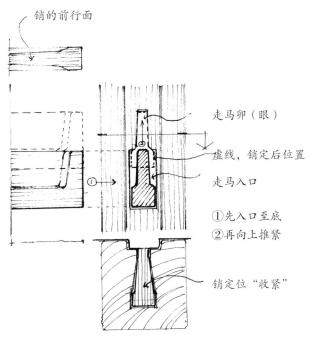

销的前行面

走马卯(眼)
虚线,销定后位置
走马入口

①先入口至底
②再向上推紧

销定位"收紧"

销

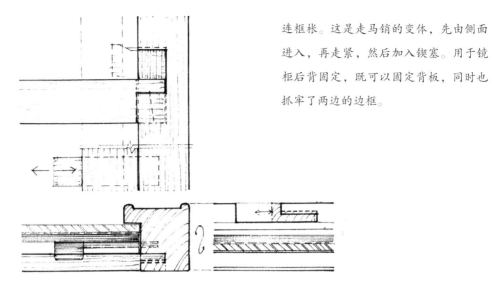

连框枨。这是走马销的变体，先由侧面进入，再走紧，然后加入锲塞。用于镜柜后背固定，既可以固定背板，同时也抓牢了两边的边框。

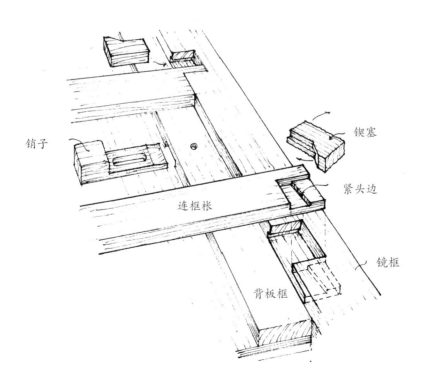

销子
连框枨
背板框
锲塞
紧头边
镜框

销

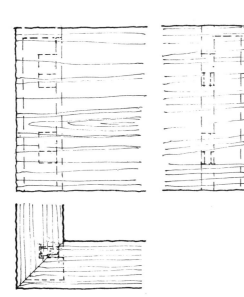

两板端头直角连接，以走马销活络拆装。此法用于大器厚板的拆装，如大画案的牙板，一般是案面下方的侧牙板做走马销，这种走马销难度在于不是栽入的，而是要挖凹预留出的。

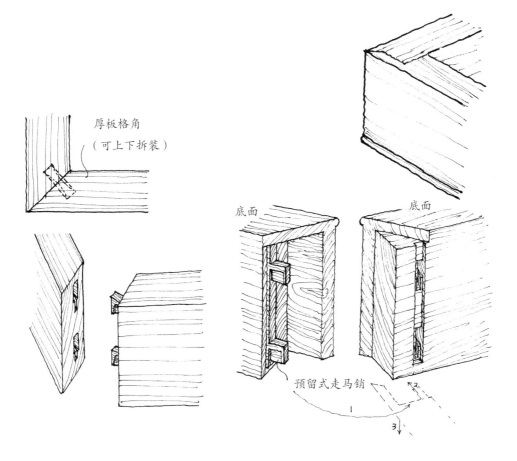

厚板格角
（可上下拆装）

底面　　　　底面

预留式走马销

第四章　明式家具的结体和榫卯结构

锁

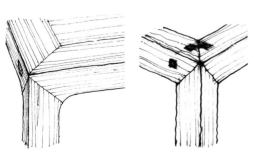

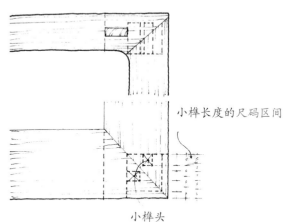

小榫长度的尺码区间

小榫头

此材三维合一点，俗称"棕角榫""三碰尖"，也称为"三维一角"，三材相契，两横一竖，互为榫卯，受力均衡。竖材上两榫头一长一短分别落于边材与抹材的眼内，若边抹材都较宽，则腿杆端两小榫可以同长。此法合力较强，精工材密时，可做小而精细的木件，材尺寸可小于12毫米×12毫米。

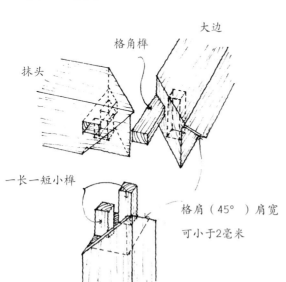

抹头　格角榫　大边

一长一短小榫

格肩（45°）肩宽可小于2毫米

腿杆

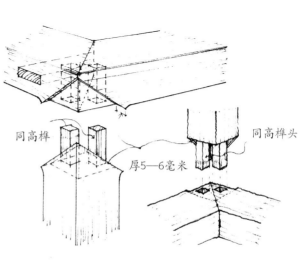

同高榫　同高榫头

厚5—6毫米

边材与抹材由格角榫连接后，再与腿一榫相接，并互相格角，也形成三材同宽的三面格角，一点六线。此法牢固强度胜于上例，实际无枨条案边抹厚大者更佳。

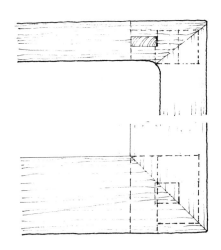

锁

凡结角的两榫，以一纵一横为佳，同向次之。

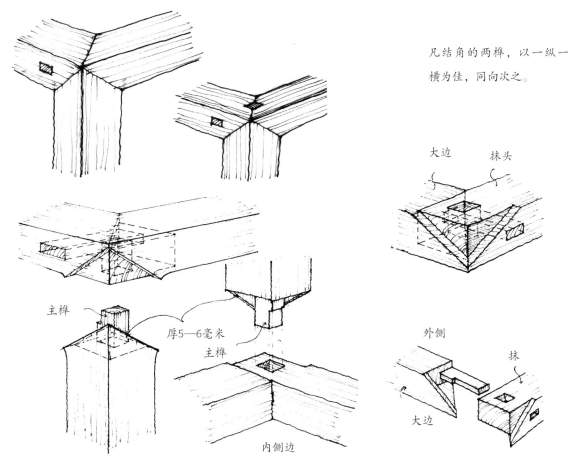

锁

此法为棕角的三叠一穿式,大边与抹头层层夹叠,再有腿端的方榫穿入。方榫应定位于近内角侧,以确保方空外侧的眼壁厚度,不可在夹层面的中心。

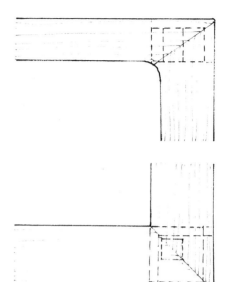

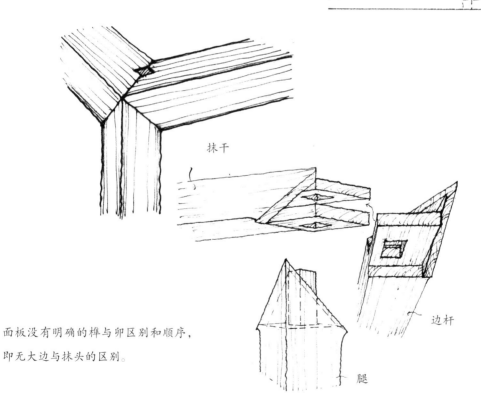

面板没有明确的榫与卯区别和顺序,即无大边与抹头的区别。

锁

两材水平格角与竖材，即三材互结，一般用于椅面与腿的三维连接。特点在于"大边"榫头宽，及在"抹头"榫眼外端留宽（图中G线），边头和抹头同时榫接于竖材上才有意义。宋式禅椅上有此结构。

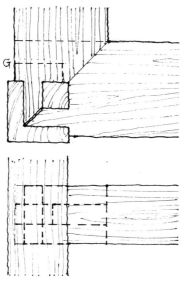

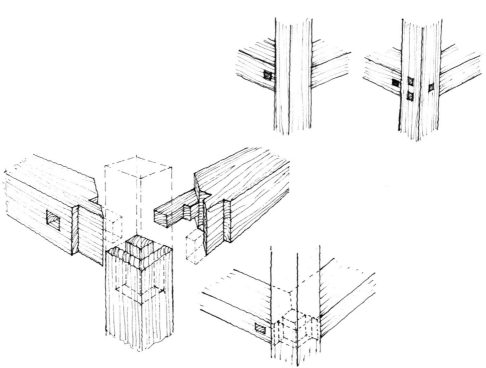

锁

在上例的基础上竖向侧面做大格肩，因强化大抹头水平面受重，在其下枨接榫处作"材端走马销"，垫入舌塞。

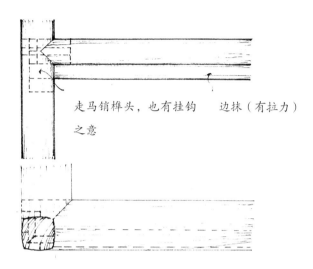

走马销榫头，也有挂钩之意　　边抹（有拉力）

注：此边枨有拉紧的功能，加固结架，不松散。

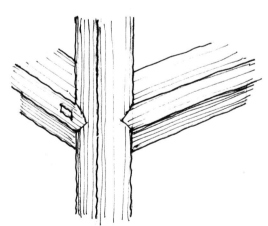

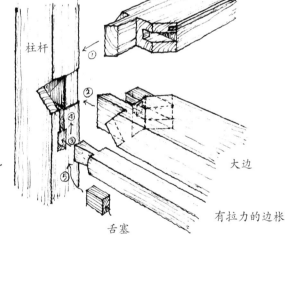

抹头

柱杆

大边

有拉力的边枨

舌塞

投装顺序

锁

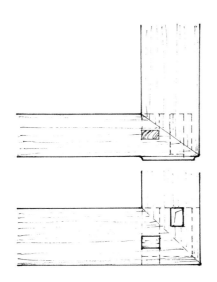

此法同棕角榫，榫由于下方，为底圈棕接。两竖向小榫一长一短。

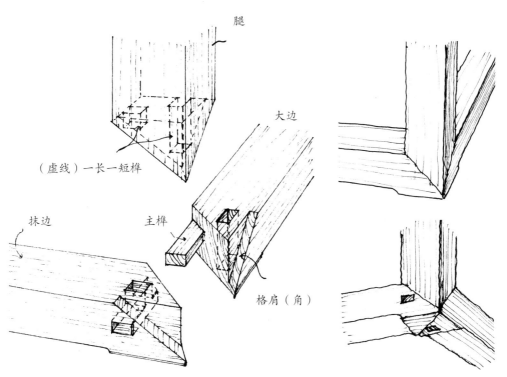

第四章 明式家具的结体和榫卯结构

锁

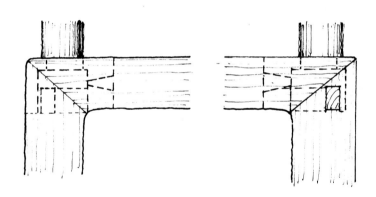

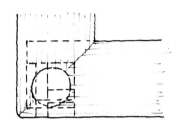

此四面平座面上的出杆结合结构,大边与抹头通过燕尾榫相连,同时与腿格角相抱。

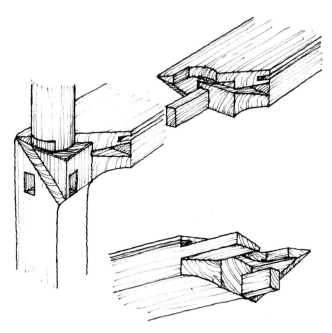

圆凳、圆几的圆边与腿的三合一结构。
法一：腿端上的两榫同时销住弯材两端，此法受力均衡。法二：一材先横向投榫于腿，成外格角，然后再以锲钉榫接第三材。

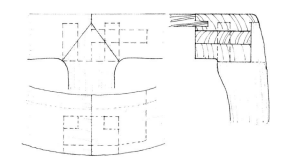

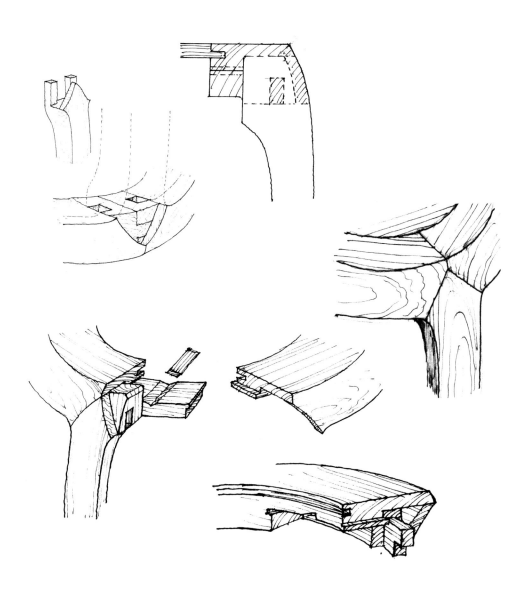

锁

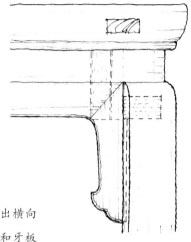
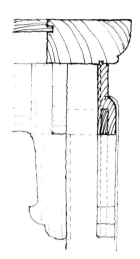

压板与角牙格角结合,露出横向榫头,再投入腿上。束腰和牙板可以一木连作,也可以分开。

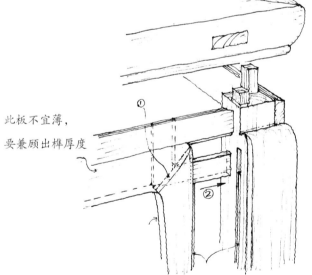
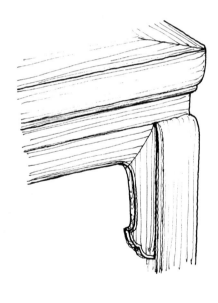

此板不宜薄,要兼顾出榫厚度

1. 先将角牙插入牙板上
2. 插入腿上眼槽 榫槽(舌)

明式家具赏析

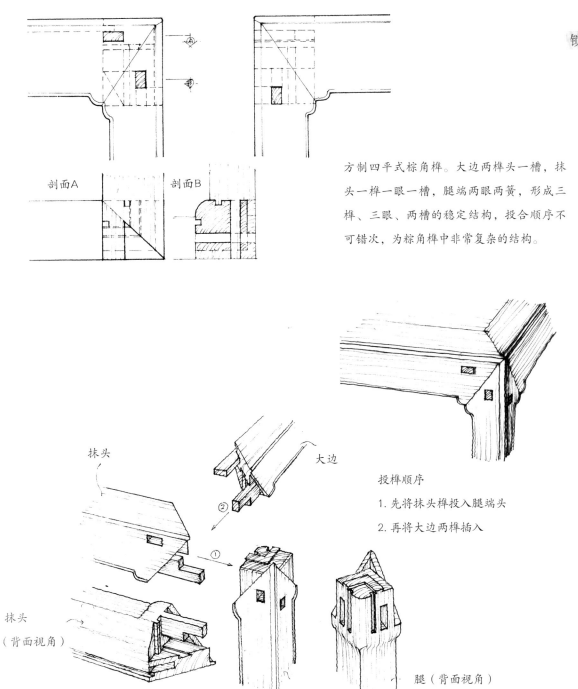

方制四平式棕角榫。大边两榫头一槽,抹头一榫一眼一槽,腿端两眼两簧,形成三榫、三眼、两槽的稳定结构,投合顺序不可错次,为棕角榫中非常复杂的结构。

投榫顺序
1. 先将抹头榫投入腿端头
2. 再将大边两榫插入

第四章 明式家具的结体和榫卯结构

锁

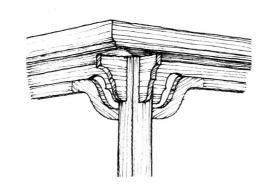

此十字交合处铲薄,留出一定的肩带,与柱子结合时更加紧固。常见于木构建筑的立柱与横梁结合处。

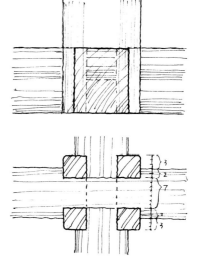

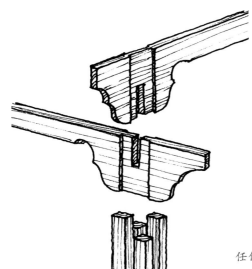

三材卡咬受力均衡,其结力最大,材径与榫卯比例如图示。

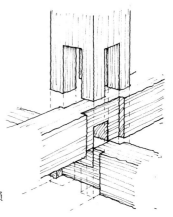

任何第三材的介入都不损伤原有两材的连接效果,且应该使其更牢固。

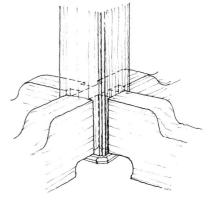

锁

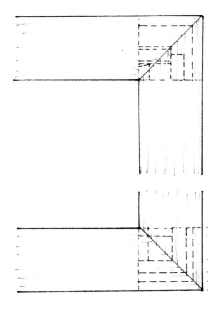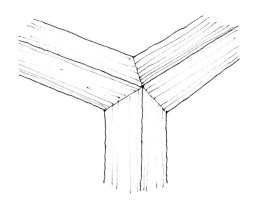

三根同厚的方材结合法，边抹格角与腿结合，且增加小燕榫，可以稳固边抹平衡。

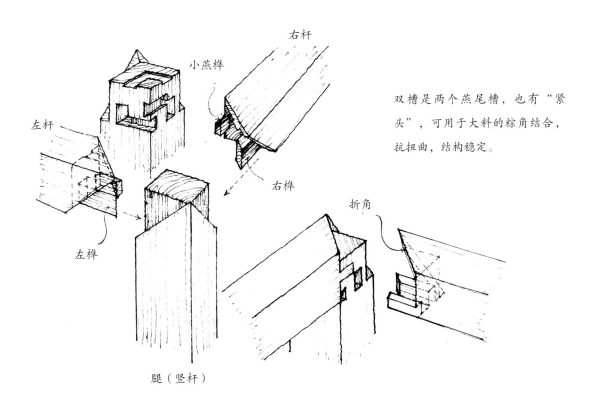

双槽是两个燕尾槽，也有"紧头"，可用于大料的粽角结合，抗扭曲，结构稳定。

结

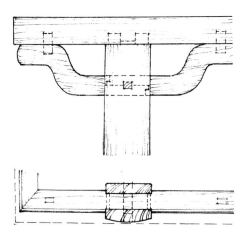

所谓"锁",有锁有扣且可拆散,可反复使用,活络为锁。此例为关门互咬锲钉榫,两弯材连接于腿足体内,明锲一锁三,此榫原理来自于江南建筑木构建筑,力大无穷。

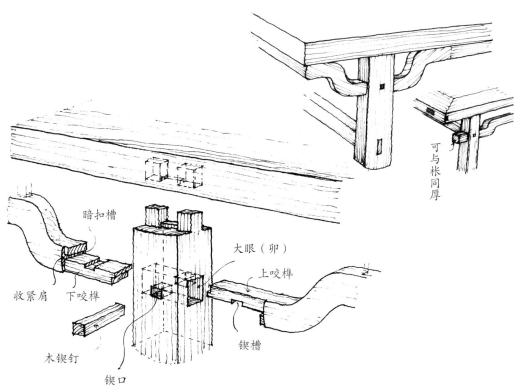

此为一特殊的抱肩榫，腿与大内圆角的牙板，横向投榫，再另加暗锲。锲钉的重要作用在于牙板不会横向脱开。做法需要大内圆角接缝尖与腿内的间距不小于30毫米，否则无法加暗锲销，所以此法适用于大床腿端。

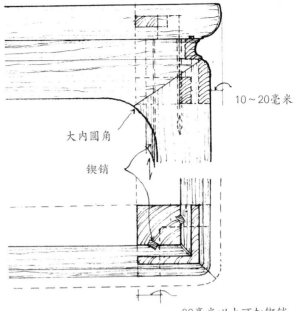

10~20毫米

大内圆角

锲销

30毫米以上可加锲销

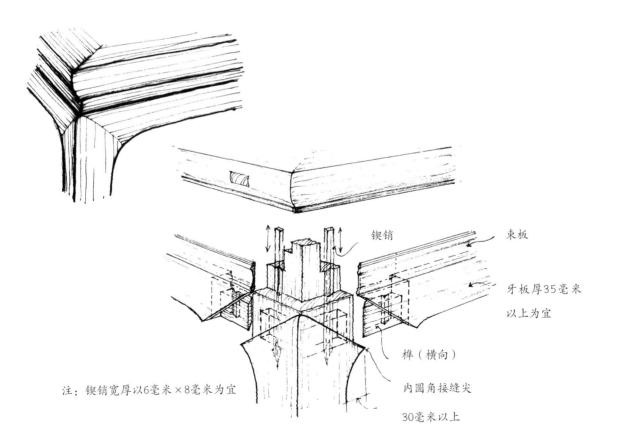

注：锲销宽厚以6毫米×8毫米为宜

锲销

束板

牙板厚35毫米以上为宜

榫（横向）

内圆角接缝尖30毫米以上

第四章 明式家具的结体和榫卯结构

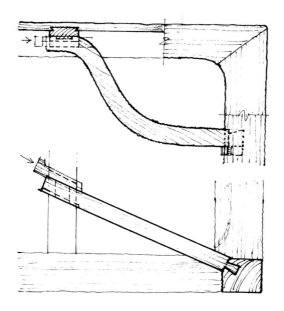

这里指霸王帐下挂钩榫,再加垫塞,上端为挂扣锁。两者都可拆装。

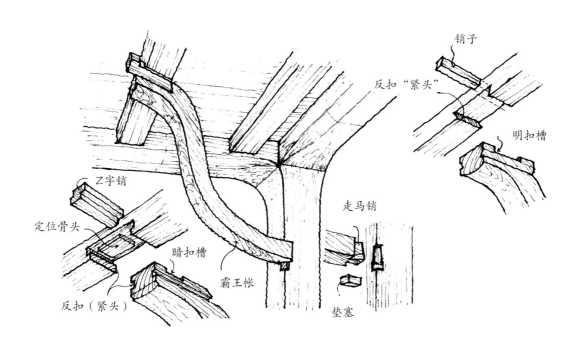

古人通过数百年的积累将榫卯塑造为功能性与艺术性兼备的物质样式，同时它也是成就了一条具备演变和再生能力的思想智慧，对后续的哲匠给予宝贵的财富和智慧的启迪。

本节所示榫卯结构的做法和尺度原则以硬木为材料基础进行讨论，内容探讨得到乔子龙先生的大力支持。

思考题：

- 对照当代家具制作讨论明式家具榫卯体系的核心要义。
- 从木质家具的设计讨论明式家具榫卯在现实中应用的利弊。
- 讨论明式家具榫卯在家具设计中的应用方式。
- 从家具设计的角度讨论家具榫卯和建筑榫卯的造型区别。

第五章

苏作明式家具的结体构造

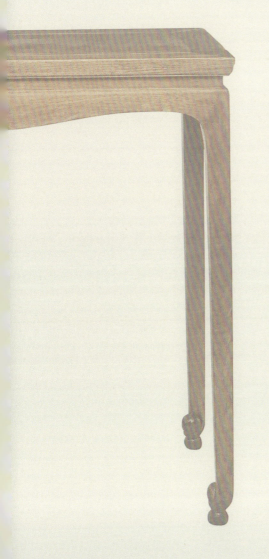
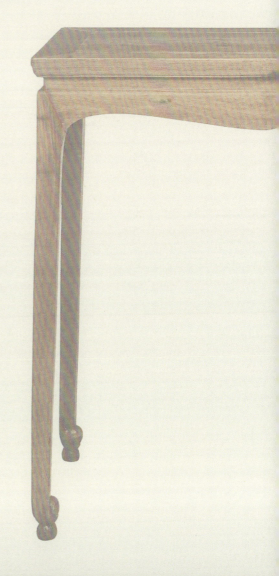

明式家具属于框架结构，家具的强度不仅取决于所使用的材料，还取决于家具的结构形式。家具采用框架结构，即许多杆件由接点连接起来形成构架，各个杆件互相制约、协调形成一个空间整体，承受各方向可能出现的载荷。这种框架结构下所孕育而生的榫卯结构体系，被广泛应用于木质家具制造，中国古代形成的这种结体思路和与之配合的结构方式得到后世长久的青睐和不断的演进，这是传统家具最突出的特点之一（图1）。

这种结体的力学性能对结构的影响十分重要。榫卯之间的连接有一定的间隙，在节点转动的同时提供抵抗弯矩的能力，表现为介于刚性节点和铰接节点之间的非刚性连接状态。此外，木材属弹性材料，在外力作用下产生变形，外力撤除后又会回到原来形状，在循环荷载达到最大值时，施以相反方向的力，有力量提升的现象。这种较大变形还不破坏的能力使构件之间能够分解荷载，形成整体受力。

整体的框架思路下，各交接节点中相互间插钩锁扣，榫卯内部盈缺互补，帮扶避让，形成了一套层次丰富、逻辑合理、构建精巧的榫卯体系，从外表看完全不知其然，通体光素流畅，看不出丝毫的机构显现，精巧之处藏得滴水不漏。因此，明式家具要一窥其结体的玄妙，不能只是单单地观其外在，而应因循传统功法深入其自成的结体之道。本章结合《明式家具赏析在线课程》的相应视频，请苏作明式家具的匠师带领我们，跟随着他眼、心、手的互动去体会整件家具的结体之妙。

图1　家具结体构造

第五章　苏作明式家具的结体构造

第一节　苏作家具简述

　　"苏作家具"是以苏州为中心的江南地区形成的一种传统家具造型风格及制作技艺。其精湛的手工技艺和优美的外观造型,在明代达到了辉煌的顶点,被誉为"明式家具"。它发展到清代中期又形成了与宫廷"清式家具"有所不同的典型风格,被称为"苏式家具";到了民国时期它受到外来文化的影响又形成了"海派苏作家具"。它代表了苏州地区特有的一种传统家具的制作技艺和典型风格(图2)。

图2　苏作榉木南官帽椅

苏作明式家具传承了数百年，家具上的传统制作技艺是在文人、画家、有闲阶层和工匠艺人不断探索、总结经验、积累下，形成的一种地域性极强的制作技艺流派。它经历了各时期制作技艺的一个渐变过程，凝聚着传统生活文化的内容，这一过程可追溯到苏州建城初期（距今2500多年）。它的起源，应该和苏州造园艺术的繁荣是同步的。苏州《园林发展史》中记载："苏州园林溯源于春秋，发展于晋唐五代，繁荣于两宋，全盛于明清。"这也和苏州江南地区传统家具制作技艺发展过程相吻合，造园艺术的发展推动了家具制作技艺的形成；而家具在园林中的陈设又使厅堂楼阁有了日常生活的内涵。这就是人们所谓造园艺术与家具技艺是不可分割的原因。

苏作家具是一个有着多种内容与形式相结合的家具流派，具有"做工精致细腻、造型刚中有柔、寓意深刻吉祥、文化内涵丰富"的典型特征。同时它是发展的，在各个历史阶段由于社会经济和人们生活习惯的不同，都会形成不同的"苏作家具"面貌。从"苏作家具"的发展过程来看，它在各个时期都得到了淋漓尽致的发挥。

隋唐时期，江南一带也是以漆木家具为主导。宋元时期，这里有了硬木制作的家具出现，但主流家具还是以漆木家具居多。这一带的家具制作发展到明代中期形成了典型风格，这就是被后人誉为"苏作明式家具"的风格。到了清代中期，在苏州江南地区，在传承明代家具制作技艺的基础上，又形成了与"清代宫廷家具"不同特征的家具，被后人称之为"苏式家具风格"。到了民国时期，形成了"海派苏作家具"。在20世纪70年代后，受华侨的影响，应对外贸的需求，苏州等地成立"木器社"发展生产和培养古典家具制作者，苏作家具也在这些匠人的耕耘中不断地适应需求而发展演变，这些匠人和技艺以师徒传承的方式延续下来，至今还有多位依然活跃。他们作为苏作明式家具技艺传承人继续见证历史，继承发扬传统。

一、宋代木作家具

宋代是中国高型家具体系的发端期,宋、元时期的家具,由于实物很少难以考证,但从宋代文献和绘画资料中可以看到,宋代木制家具的形制体系已经形成,只是绘画和实物相去甚远,难以全面地研究它的制作工艺。但是通过考证,从制作家具的工具上也能佐证此时制作宋画中家具造型所对应的核心工艺基础已经具备。文献中记载:南宋时发明了"冶银吹灰法"和"铜合金铁"冶炼法;开始使用焦煤炼铁,是我国冶金史上具有重大意义的里程碑。并且,到这时家具制作的关键工具,平刨和打磨用砥和砺也已经发展完善,对木材平面的处理起到了很大的推动作用,框架结构家具发展已经普及,因此制作技艺应该也随之成熟。我们将《韩熙载夜宴图》(图3、图4)、《蕉荫击球图》(图5)、《女孝经图》(图6)三幅绘画中的家具做了分析:从其造型看,已不同于隋唐时期漆木家具的风格,家具具备框架结构,造型简洁,用料纤细,其所画的家具材质硬度已达花梨木材质的硬度。现藏于南京博物院、河北巨鹿出土的宋代家具,如桌子、椅子散件,其外表没有一点涂刷漆的痕迹。根据宋人的生活起居习惯推测,此椅前面应该还有一个踏脚,此椅子坐面高600毫米。经过测绘,就散架的部件看,此家具的制作工艺,已有了较完善的榫卯结构,以直榫为主,面框已采用割45°角尖做出榫处理,但面框与板的组合顺木纹方向没有槽,采用平接,而木板两顶头刨成45度插入面框上,其面框内侧上部也有45°的斜凹槽。此两件宋代家具,从复原效果图分析,其家具造型已有简单的线型装饰方法,制作工艺上面框和面板是不落槽做法,由此可以判断,这两件家具应该是北方制作的宋代家具。尤其从这两件家具椅子的座面与后脚的结构及从椅子坐面中间用木板的工艺看,虽然都还不是明代"苏作家具"的做法。但又不乏"明式家具"的原始元素。由上推演,明代家具是在宋元家具基础上的传承、创新、发展;苏作"明式家具"制作技艺的产生,是南北两地文化生活交融下在江南地区发展的成果。

图3 顾闳中 韩熙载夜宴图(局部)

图4　顾闳中　韩熙载夜宴图（局部）

图5　佚名　蕉荫击球图（局部）

图6　佚名　女孝经图（局部）

二、明代"苏作家具"

1368年明朝建立,结束了元朝的统治,中国回到了以汉文化为主导的轨道上。明代经过"洪武之治""永宣盛世",国力得到了加强。苏州、广州、西安等地成了除京都以外的主要城市,特别是到了"弘治中兴",出现了社会稳定、经济繁荣、手工业和商品经济发达的景象。此时,明代的家具制作在传承宋代家具制作技艺的基础上得到了发展。明代初期,出现了三种家具类型并存的局面:①漆木家具。保持了自唐宋以来的传统漆木家具的一贯制作技艺,主要为京城及官僚阶层使用居多。②硬质木家具。以苏州为中心的江南地区,由文人、画家及有闲阶层,在使用过程中经过研究、把玩、品味、修改逐步形成。③杂木家具。就地取材,民间百姓生活所必需的,以日常使用为目的而形成。第一类形式的漆木家具随着硬木家具制作技艺的逐步完善、造型风格成为风尚而慢慢地退出主导地位。第二类硬质木材的家具制作,开始了它辉煌的发展历程,它在传承宋、元木家具制作技艺的基础上,逐步形成了规范制作系统。硬木家具在嘉靖、万历朝达到了古家具制作的巅峰,形成了具有当时典型风格特征的家具,被后人誉为"苏作明式家具"。总的说来,明代初期和中期苏州江南地区的家具形式是漆木家具和硬质木材家具并存的时代,到了明代中、晚期才以硬木家具为主。

图7 许建平 国家级苏作明式家具技艺传承人、原苏州红木雕刻厂总设计师

明代"苏作家具"制作技艺日趋成熟，究其原因有以下几点：①传承了宋代家具的制作技艺并加以发扬。在宋代出现了外表没有涂刷漆的木制家具，这一点我们可在出土的家具资料中看到。②家具制作工具改变。宋代出现的冶铁技术，到明代又有了进一步的发展。冶炼生铁和熟铁（低碳钢）的连续生产工艺，退火、正火、淬火、化学热处理等钢铁热处理工艺和固体渗碳工艺研制成功。其辉煌成果使家具制作的工具得到了根本性的改变，从而可以精细地加工硬质木材。③优质硬木的大批进口。永乐年间朱棣派特使郑和多次下西洋，带回了大批优良的硬质木材，在民间得以流行，充实了造园及家具使用的木材。④造园之风盛极。明代盛世，造园之风遍于吴中，造园技艺日臻完善，当时苏州号称半城园亭，私家园林的建造需要大批的家具放置使用，为家具的制作提供了大量的陈设环境，推动了"苏作家具"的发展。⑤文人、画家、士大夫的构思设计。自宋代起商品经济发达，明代形成繁荣安定的生活环境，触发大批的有闲阶层对其生活进行思考。从园林到室内陈设，文人墨客对建造园林、家具设计、制作的指导，使家具的造型艺术、制作技艺发生了审美意趣上的变化，出现了造型简练、制作精美、工艺独特、带有"文人味"的新形式和风格，从而提升了家具制作技艺的品位。⑥家具制作中造型的不断完善。私家园林中的家具制作，以将工匠请到家中制作居多，在制作中文人边指导修改、边品味，不急于求成，精益求精，从而使明代苏作家具形成了独特的明式风格。（图7、图8）

图8　许家千　江苏省苏作明式家具技艺传承人、原苏州红木雕刻厂设计师

第二节　苏作明式家具结体构造——刀牙桌

一、苏作刀牙桌简述

刀牙桌是明式家具的桌案类家具中最具典型性的家具形制，这样的形制自宋代就定型，被文人士大夫广泛使用。宋代绘画和文献显示，宋代刀牙桌多为着色髹饰，随着材料和工艺技术的发展，明代在使用功能、使用场所、装饰细节、材质运用上有了更丰富的扩展，但基本结体样式依然延续，并且一直延续至今。刀牙桌在明代的文学绘画作品中经常与文人书斋和书写活动相联系，这也使得它具有非常强的文人属性，成为书写作画等文艺活动的必备家具。以黄花梨等纹路绮丽的材质制作最为古雅清新，简洁明了的外形配合黄花梨的朗畅木纹，使得家具充满了一种简素之美。苏州地区的榉木、柞桢木也极其受文人雅士青睐，本地工匠就地取材，造就苏作榉木家具不同一般的艺术成就。本章教学结合中国美术学院《明式家具保护与活化虚拟仿真实验课程教学平台》[40]辅助授课，同学们能够以虚拟现实的互动方式，观摩和拆解明式家具的榫卯结构，识别各部件的名称，以及模拟安装轨迹。

40.《明式家具保护与活化虚拟仿真实验课程教学平台》基于虚拟仿真技术、VR体验技术来实现家具观摩、构造学习、形态创新的在线互动学习平台，2021年注册软件专利，已在中国美术学院相关教学中使用。

二、刀牙桌的结体构造（图9）

图9　刀牙桌

① 刀牙桌的部件名称（图10、图11）

图10　刀牙桌

主要部件
1. 面板
2. 牙板
3. 腿
4. 横杖

图11　刀牙桌主要部件

② 刀牙桌的节点榫卯（图12—图15）

图12 桌面攒边打槽嵌板，连接大边、抹头、嵌板。桌面底面施加燕尾穿带，锁定芯板与面框的位置，同时防止面板翘曲

图13 夹头榫，链接腿与牙板结合

图14 大桩榫,连接桌腿与面板

图15 横杖与桌腿之间是圆材丁字榫连接,底下的横杖做走马销,并以楔钉塞进桌腿的空隙,锁注横杖与桌腿使其不会脱开。

③ 刀牙桌的装配顺序（图16）

第1步：先装桌面
第2步：将腿与横杖结合
第3步：将刀牙板和腿部结合，再装上侧面牙板
第4步：将装好的桌面扣在牙板上，并与腿上的大桩榫连接

图16　安装步骤

在线课程视频观看

　　明式刀牙桌的核心结体部件，分为桌面、刀牙板、四根桌腿、桌腿横杖几个部分，四个核心部件由下至上装配（图）。明式家具榫卯节点的结构原理一致，但是在现实生活中不止这里显示的一种形式，还存在多种榫卯解法，如腿部横杖与腿的结合处，此处是明式家具最符合逻辑的一种，附加楔钉榫连接，以防止两腿的外拉而脱落。在存世的家具中还有一种常见做法是打"竹销钉"，不用楔钉榫，直接对横杖榫头插入腿后，外面加竹销锁定，在下章的《梯子杖》这一知识点中会详细介绍。本文中的范例重在说明明式家具结体思维和榫卯的逻辑，也展示中华榫卯的智慧是结合生活去求创新和发展，民间匠师们也善于根据当时的情况，在师法前人的同时，因地制宜，想出多种不同的榫卯制作方案，更好地解决实际问题。

第三节　苏作明式家具结体构造——南官帽扶手椅

一、苏作南官帽扶手椅简述

南官帽椅可以对照四出头官帽椅来观察，它的特征是搭脑不出头，或者是搭脑和扶手都不出头。南官帽椅子是苏作家具中特别具有代表性的家具，这样交接的靠背和扶手使整把椅子显得内敛端正，拥有文质彬彬的儒雅气质，也被称为"文椅"。与四出头官帽椅不同，南官帽椅的搭脑和背板一体平顺的连接，显得更为温和，如果说四出头官帽椅凸显官家仪态，那么南官帽椅则更显文人清贵。

二、南官帽扶手椅的结体构造（图17）

图17　南官帽扶手椅

① 南官帽扶手椅的部件名称（图18）

1. 搭脑
2. 靠背板
3. 后腿（一木连作）
4. 前腿（一木连作）
5. 座面
6. 扶手
7. 联邦棍（猪尾巴）
8. 牙板
9. 杆杖（步步高）
10. 脚踏

图18 南官帽椅的部件名称图

② 南官帽扶手椅的节点榫卯（图19—图23）

图19　边抹双阶套榫，后退和搭脑相连接

图20 攒边牙板夹腿法,座面与腿部的连接

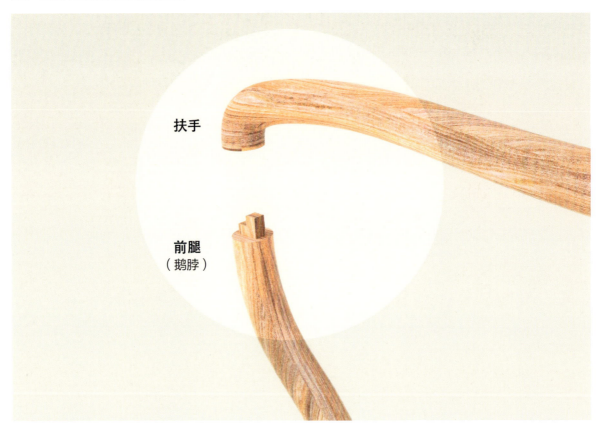

图21 挖烟袋锅榫,扶手与前腿的连接

明式家具赏析

图22　薄板嵌夹格角，两牙板之间的连接

图23　脚踏帐夹榫，踏脚与前腿之间的连接

③ 南官帽扶手椅的装配顺序（图24）

第一步：最为关键的一步，安装椅腿和座面。
第二步：在这一步中牙板、步步高杆杖、脚踏必须同时安装，这样椅子下部就基本完成。
第三步：安装靠背和搭脑。
第四步：安装联邦棍、扶手。

图24　南官帽椅扶手椅的装配顺序图

在线课程视频观看

　　以上通过两件苏作明式家具的结体拆解实验，我们可以大概理解明式家具的基本结体原理和搭建逻辑，在线下课堂体验中能体会到木结构施工过程的艰辛和精巧，也领会到前章节中所讲述榫卯木性的特点。

图25　吴明忠　苏州明式家具制作技艺代表性传承人

第四节　苏作明式家具榫卯结构的特征

访谈录：苏州明式家具制作技艺代表性传承人——吴明忠（图25）

问：苏作家具工艺与现代家具制作工艺相比有什么区别？

答：明式家具的榫卯结构和现代家具的榫卯结构有很多地方大不相同。古代明式家具榫卯结构的力度主要在于榫的紧度和榫的长度，明榫和暗榫力度上也不一样，明榫比暗榫要牢，现代的明式家具榫头很少有榫头，有的是靠圆柱销子，靠胶水，靠钉子，使用牢固度上是很不同的。

另外明式家具榫卯结构是一个内在的结构（为能长长久久地使用），如一件家具损坏了，里面的核心部分"榫卯"是不会坏的；或者某些地方一根料坏掉可以拆开，可以修可以换，所以说明式家具和现代家具结构的牢固程度大不相同（出发点不同，现代家具追求创新迭代）。

从明式家具榫卯结构的寿命上讲，我认为是榫卯结构没有寿命

（可以一直使用），就算要坏也比木头（杆件、板面等）要慢，要坏也是木头"糟"（腐朽）掉。即便家具坏了（散架），它里面的榫也是不会糟不会烂的。

问：苏作明式家具工艺中胶水对于榫卯起到什么作用？

答：从我们多年制作的经验看，古代的工匠也用胶。硬木用点胶主要是在榫头里面起到一点点填充的作用。如果硬木组装起来不用胶，那榫卯的紧密度做的时候要算得相当准确（现实中很难拿捏），一旦松一点这件家具没有紧度（那么）用起来会晃动。如果紧一点敲进卯眼，卯眼里面可能会被撑裂，所以说在古代制作家具时也用上一点胶，当组装的时候稍微松一点，带点胶进去填充里面的紧密度。胶到一定时候即使老化了，还是会起到作用的，但家具的牢固主要还是要靠榫头的紧度。

按我们手艺人的说法来讲，历代师傅传下来使用鱼鳔胶，到我们学手艺的时候鱼鳔胶很少用了，用一种叫骨胶的胶，但这种骨胶也不是骨头做的，实际上是用猪的肉皮做的，所以有的人叫肉皮胶。那个肉皮胶和现在用的胶水还是有点区别的，现代用的是树脂胶。肉皮胶的寿命我认为没有现在的树脂胶的寿命长，但是它用起来也实现一种填充的作用，它到一定时候会老化，老化以后它的拉力可能不起作用，但是里面的紧密度还是在的，所以说榫卯还是不会松掉。

问：什么是苏作明式家具优秀的内在质量？

答：与现代家具相比，苏作家具榫卯的特点在于榫卯结构的内在质量。不同的家具有不同的榫卯结构，有的家具榫卯结构做得讲究一点的话，可以做到组装起来后，不了解门道都拆不开，要技术很好的工匠才能做出这种活来。从榫卯的内在质量来讲，苏作家具榫的大小、紧度、明榫、暗榫都是对内在质量的（高）要求体现，比如"走马销"的用法，我们这边土话可能叫"扣榫"，有些家具部位用扣榫组装起来以后，拆的人如果没经验还不知道怎么拆，对工匠而言一是要技术好，另一方面是要会做，现在的很多工匠可能不会做。

问：如何看待手工制作与机械制作的区别？

答：现在家具木工大部分是利用机械化，当然机械化的来源还是从手工基础上来的，你要把手工基础结构的内在原理学懂了，那你再用机械是很简单的事情。苏作家具中有些难度高的榫卯结构目前还不能用机械做出来，需要靠手工来做（用机器操作工序会更繁多）。但是对学习家具制作来讲，可能现在大部分企业都用机械来做榫卯，那些难度很高的榫卯可能会用得很少，制作中也会主动避开，这会影响认知。从学习的方面讲，我认为学生要从基础学起，在20世纪60年代的时候，我去镇上有个叫木器社的单位学手艺，当初那里做古典家具都是硬木，单位里什么机械都没有，全部是靠手工操作，我就是从这个基础学起的。所以说我们学手艺和现在比，基础有很大的不同。机械也有机械的好处，比如说现在锯、刨、铣、打眼、锯榫，这些方面应该要比手工操作精度要高，在很多方面它是有优势的。但是碰到我刚才前面讲到的有一部分榫卯结构机械没有办法做，这样下去也许这个技能会失传，这个基础以后可能会没有，因为没人在学也没人在教。这是纯粹手工操作，现在往往是上机械操作总是找简单省事的方法，所以说那些难做的没有人去做了，甚至见也没机会见到，所以说这个方面可能会有问题。

在线课程视频观看

二、传统苏作家具榫卯与工业榫卯的设计逻辑比较

我们将festool的榫卯与中国传统家具榫卯对比，分析他们在设计逻辑上的差异。现代festool的多米诺榫卯连接系统是针对日用实木家具的一种榫卯体系，以饼干榫为木制材料的通用连接键，实现两木材件的连接。实际操作中，首先通过专业设备对需要连接的两材预先打好标准的空位，然后必须对饼干榫和卯眼都抹上指定的胶水，互相投榫挤压到位后用夹具固定自然干燥即可。经过这样安装后的家具，胶水的性能非常好，其结合牢度也非常高，在外力破坏的情况下，榫的连接处是不会散开的，但板面会先损坏。

在系统设计上，festool的饼干榫卯设计了不同的长宽尺度来应对不同大小材料间的连接。有13种基本的榫片规格，所要连接杆件的长度越长，就可以选择相应长的饼干榫，打孔的规格也随之增加。运用一种饼干榫就能应用于各种尺度的家具部件的连接，对设备和施工技术的要求一致，一套设备搞定，非常方便。

我们调研了以饼干榫或者圆棒榫连接为主的现代家具品牌，如宜家等，从结构的角度归纳出了这种榫卯方式与家具的关系。1. 发现这套榫卯系统适用的原始材料为板材、方材。这样的原材料形态利于机械化标准化开采。2. 家具基本上是板面与板面结合、板材与木方结合、木方与木方结合而成，避免异形结合。3. 榫的主要功能是实现家具的板材连接、板件连接、底架连接、框架连接，还有圆形材连接，这些连接方式也规定了，生产的家具必须只由这些结构方式实现。我们对照宜家生产的出品的实木家具，发现其设计非常符合这个逻辑（图26）。

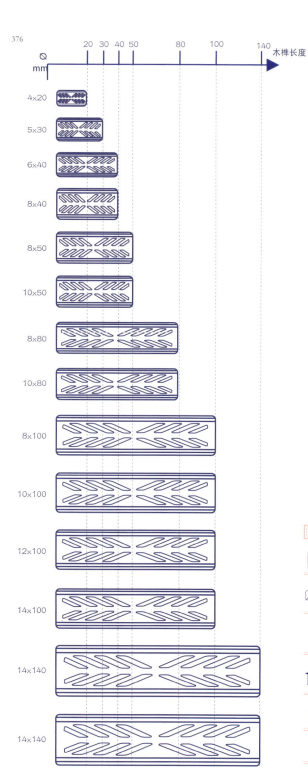

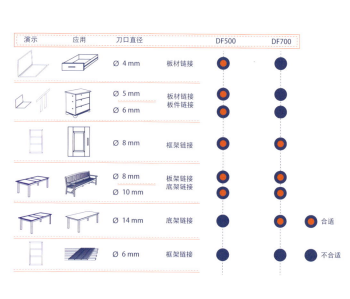

明式家具赏析

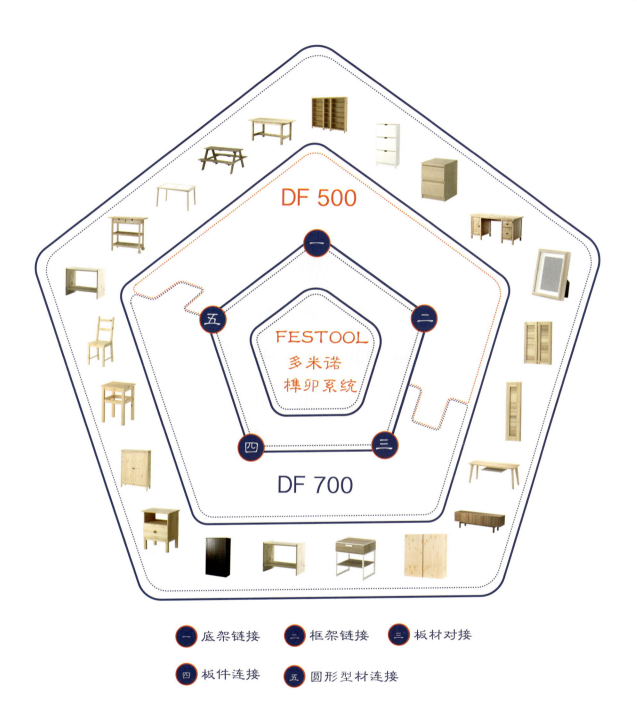

图26　FESTOOL多米诺榫卯系统

我们可以理解，festool的多米诺榫卯连接系统设计的逻辑在于将所有产品结构以饼干榫为连接实现，家具形态必须由板材连接、板件连接、底架连接、框架连接、圆形材连接这五个基本构造方式实现，在此基础上进行形态的设计。总之不要涉及结构层创新。

再来对照中国传统家具榫卯系统进行观察：1. 从类型上看，饼干榫可以归到"栽榫"的类别，"栽榫"在中国家具中广泛使用，相对而言它是最简单的榫卯形式，但是不属于传统榫卯体系中性能最好和主要的榫卯方式，不会作为主杆部位和主框架的连接。2. 传统榫卯是方榫头，festool是片状圆角榫头，从力学上看，单片榫的情况下，方榫更具备有抗扭力；从制作上看，方榫的卯眼制作要求更高，工艺更多，festool片状圆角榫头加工简单。3. 传统家具的榫卯方式以木性为设计原点，随着木材密度和性能的变化，构建合理精炼的形态，同时在追求新形态的要求下衍化出针对性的新榫卯，因此它的榫卯形式是不断创造出新的，实践证明国人也运用这套榫卯逻辑持续地推陈出新。而festool的多米诺榫卯连接系统要求是固定的、限制的，家具的基本连接方式也是不变的、可控的（图27）。

由上述对比分析可见，传统明式家具的榫卯是一个完整且能自我生长的体系，由其构建的家具形态应该能够无限地演变。它以尊重自然木性为基础，具有鼓励不断扩展设计的逻辑，一生二、二生三、三生万物，也具有深厚的思想根源。从某种意义上说，明式家具的榫卯系统具有无限性，它能伴随着创作者的意图，以中华榫卯的智慧形式构建出中式木美的无限想象。

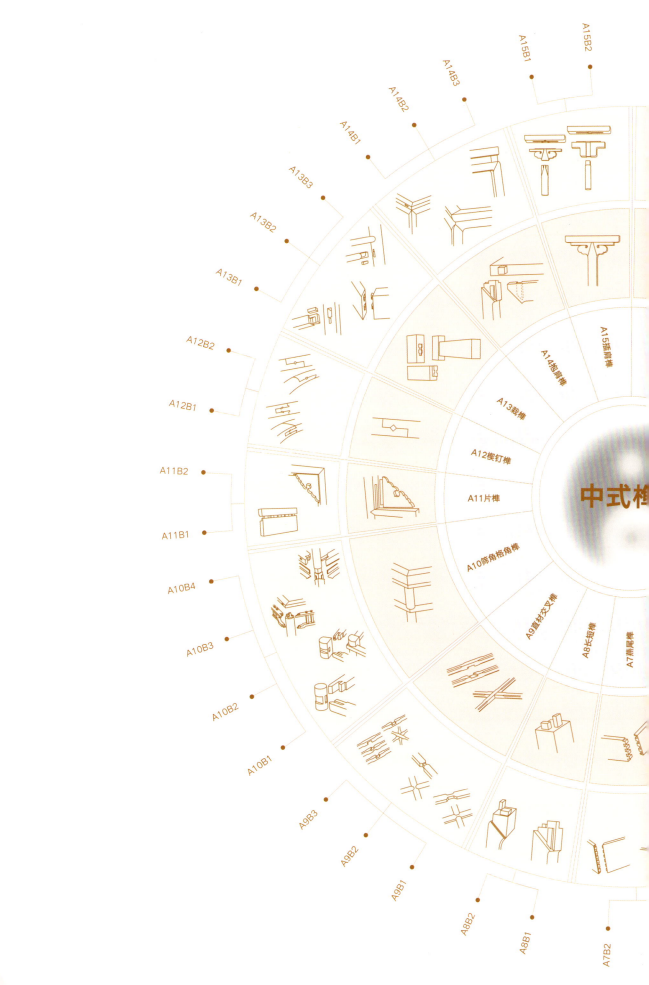

图中A圈代表的是第一级基础榫卯，向外扩展的B圈是由每个A圈的基础榫卯为线索衍生出的二级榫卯，一般情况下每件明式家具结体基本上由系统中的3—5个榫卯构成。这个系统中B圈的数量不是固定的，随着形态设计的需要和特殊性，是会不断增加的，可甚至能形成更多的榫卯层级。所以中式榫卯是生长变化的，并能不断伴随人们在此生活方式上的认知提升而不断深化，并以自身的独特且高质量的形式语言诠释人的想法。

思考题

- 讨论明式家具结体和榫卯节点的区别。
- 明式家具结构与形态之间的关系。
- 观察同一家具中运用不同的结构方式对整器形态的影响。
- 对比明式家具和北欧家具在结体构造上的区别。

图27 中式榫卯结构系统

第五章 苏作明式家具的结体构造

第六章

明式家具中的俗语

中国古典家具有个特别的现象，历史上没有明确记载家具设计者或是制作匠人的文论，清之前关于古典家具设计和制作的文论相对较少。目前广为人知的著作只有先秦的《考工记》、北宋的《营造法式》、明代的《鲁班经匠家镜》《天工开物》，关于古典家具设计风格及其艺术性的文论更是鲜有所见。在现实中，对家具制作的传承保持以师傅带徒弟的师传技艺为主，古典家具的形制依据绝对统一的尺寸、图纸。中国幅员辽阔，各地的家具出现制式相同但细节各异、局部特征迥异的现象。因此从留存的家具实物和传承的家具技艺上比较观察，会发现各地的能工巧匠会根据不同的情形形成各自不同的做法，而且这些特征大都以制作圈内的俗语描述，这些俗语和特定的做法恰恰体现中华工匠的因地制宜和随机应变的智慧，也反映了中国地域性民俗文化的特殊味道。本章通过探访古董家具收藏界的资深人士来介绍一些传统家具特有的俗语。

包镶、包皮

包皮有的人也叫贴皮，古人管他叫包镶，也有人认为它不上档次，认为它是一种穷酸之作。其实不然。在传世的家具中，如贴黄花梨皮、贴紫檀皮、贴黄杨木皮、竹黄，等等，像这类家具不在少数。

既然这类家具那么多，古人又冠它一个美誉，其实它们不是简单的穷酸表现。在大量的这种所谓的包皮和包镶中，我们通过分析总结，最后把它分成三大类。第一类叫真正的穷包，这种穷包往往叫夹心。它里边选用一种白木，外边选用一种硬木，如紫檀或黄花梨，是为美化表面，这就是地地道道的包皮，这种器物主要以清晚期宫廷里的家具为主。

从收藏经验上看，包皮这种做工技法清以前很少，大多数是在清代的家具中使用。清晚期，因为统治者要做家具器物，但又想仿造祖先的样式，比如要追求乾隆盛世家具的感觉，由于当时国库空虚,材料不足,没有足够的材料,且做全实木家具代价太大,所以家具制作只能采用这种节约的做法,导致清晚期的许多紫檀家具是采用了包皮的做法。

除了第一类硬包软之外,第二类是硬包硬的做法。

硬包硬有两种做法,一般里料是红木(红酸枝),外边包紫檀,还有草花梨在里边,外边包黄花梨。更考究的做法是什么呢?是真正的硬包硬,就是里外料一样,即外边是紫檀,里边包着的还是紫檀,这种做法就不是简单意义上的包皮了,它考量美学和材料的因素,跟材料的力之所需和应力变化都有很大的关系。它的意义大大超越"包皮"的作用,这就是包镶(图1)。

除了这两类做法以外,还有第三类。

第三类做法主要是因公而虚或者因使用而为。为什么这么说?我们经常发现清中晚期的樟木箱子或者一些花箱,它的里面往往用樟木,外面要包一层皮,而且包得很厚,这个不是穷做法。那它为什么追求繁琐呢?外边包得很厚的这层料,里面夹一个樟木的芯板,是因为樟木不招虫子,存储东西,可以延年,所以说这是一种考究的做法。

图1　紫檀灯屏底座端头面包镶工艺

除此之外，清乾隆时期大量的紫檀家具中也有体现。如清代中期乾隆时期的灯屏插屏等，如图1中紫檀灯屏底座。我们可以看到所有的大小面几乎雕满了图案，不露底，这正是清代的做法。按雕工来讲，这块料的宽面具有顺势的纹理。雕刻这些缠枝莲纹和锦地纹可以很顺畅地完成，因为木头的雕刻面和木茬都是顺的，所以好雕刻。但是，雕到木纹的横断面时，也就是端头面，纹理和顺茬都不存在了，木纤维都垂直冒出来，这个面是没办法雕刻了，所以古人就只能把横断面切下一部分，也就是去掉一部分，然后再重新贴上一块顺茬面，与木纹顺势的面达到纹理一致，再雕刻，最终实现整体效果一致。这种因工所需的情况，不是一种穷酸制作，它是在对工艺技术各方面的综合考量下，追求完美极致的做法，它的制作难度往往会更大。

在线课程视频观看

明式三优

古人在制作古典家具的时候，除了考虑它的制式、造型、结构以外，其实还有好多考量点，其中有一点有人有认知，有人是没认知的。就拿视频中这张案子来讲，这是一张典型的明代晚期，最晚是清代早期的一个读书用的案子。

这个案子它有什么特点呢？首先，整体上各个朝外的面都是平素状态。虽说平素但它却很好地体现了文人的那种傲骨，但是又怕过于平直，所以在制作的时候也拿捏了很多细节。就拿牙板这个部位来讲，如果仅一个简单的刀牙板，可能就显得有点呆板，那么古人在设计的时候把它变化了一种造型——拐子纹，当然这里的造型有别于清代中期的拐子功，虽然见方见平，但是在线条相交处都有弧形的圆角细节。（图2）造型突出整体性，没有多余的装饰信息，侧面几处的开光连起线都没有，外角是尖的，内角都是圆的，这样就充分体现了方中见圆的感觉，可见这个案子是非常考究的。

或者是最晚是清代早期的一个读书用的案子

图2　明式拐子纹书案

撇开这些不说，我们可以看一下它的用料。它一共有三种用料：第一，所有的边框主料是鸡翅木，中间的芯儿是一块独板的楠木，下边的穿戴是常用的杉木，为什么古人要那么做？第一点是出于力学的考量。由于气候的不同，木材在气候变化时会有不同程度的缩胀。在特定的部位分别选用三种材料，以杉木打底，底部劈灰，这样能够很好地缓解木材缩胀的差异，起到融合功能和视觉上的作用。

另外，对美的考虑。这种边框和装饰造成了不一样的感觉，一种颜色上的差别，而且这种差别不是太大，恰恰符合文人和而不同的审美取向。所以说这不是一件穷酸之作，它体现了古人除了造型、结构、制式以外，也在材质和颜色搭配上做到协调的一个重要考量。

刘传生先生在他的收藏经历中见过多件这种类型的家具。有一张外面全部是紫檀木，里面全部是黄花梨的棋桌。另有一件，采用的是紫檀的装芯、乌木的框、铁梨木穿带。像这样的家具起码由三种材料组成。

这三种材料组合，我们把它叫明式三优，由于古人喜欢以物喻人，因此也有"明式三友"之说，三种材料像朋友一样。其实这样的思考正是古人驾驭材质，从审美的角度创新的突出表现。而且这种家具相当少，是难得一见的。因此，大家对这样的家具研究经验不足。刘先生讲了一个故事：

"应该是1987年，在山西高平的西黄石（村）我见到过一张类似的独板翘头案。当时家具的翘头、腿、牙板等都是黄花梨的，唯独面板不是黄花梨。当时因为知识量有限，我们就没太注意它，总觉得不是满镶嵌黄花梨，这东西应该就不好，所以好多人包括我在内看完了没有收藏。后来这个东西被别人买走的时候，我才意识到其实它有很高的价值，事实上后来也得到了验证。通过后面一系列的实物过眼和亲身经验，我们现在可以肯定地说，大家如果见到类似这样的案子，几种料配在一起的做法，它恰恰不是人们想象当中那种充数而为的器物，而是一种上乘之作。"

在线课程视频观看

梯子杖

古人的制器理念让我们为之感叹。这张平头案冰盘沿处理得简洁大气，整个四攒边和腿的比例和谐。特别是桌面四个大边与中间一块独板的比例非常讲究，行话把它叫作一封书。再是两根梯子杖的比例位置恰到好处。曾经有一件非常精美标准的黄花梨明代制式的平头案，各方面的水准都要超越一些平常的案子，也就是说它的价值应该要高出行货很多，但是由于当时卖家认识不够，因为梯子杖上在和腿的两个结合点上留有两个洞，被外商买家忽悠说成是"败笔"，从而造成很多的损失。

对于黄花梨家具的评鉴要求是很高的，对于修修改改的残缺部位，或者还有一点老的痕迹都要说清楚来由。上面的例子其实是因为对梯子杖不了解而造成的失误。那么这个洞是怎么回事？我们可以根据手上的实物来看一下梯子杖的学问。首先，桌子一侧两条腿中间有两根横着的拉杖，俗称梯子杖（图3），准确的叫法叫横拉杖，然而这两根横拉杖在地面到案面剑的高度位置就与年代有很大的关系。

图3　梯子杖

一般来讲，像这种两根梯子杖比较靠上的是明代的做法，梯子杖在这个基础上偏下的，应该是清代的做法。到宋代的做法有的更低或更高，也就是说这两个梯子账的高矮位置也是判断一件家具年代的重要依据之一；其次，我们把它翻过来看看，这里边就有学问，古人制器除了实用以外，也非常关注它的美，其中的学问就在于两根梯子杖的榫卯做法如何最美？

我们从常理思考，两根杖上要出榫头，卯眼在两条腿子上，如果两根杖在两个腿上的卯眼打通，从里面敲一个楔子进来，它肯定就结实了。但是腿的美就会被明榫破坏了，不能保持桌腿从正面看是完整的。

所以常见的平头案梯子杖做法有三种：第一种，上边这根杖做一个半榫，腿的卯眼不打透，闷在里边。下边这个卯眼要打通，在腿上就只出现一个榫头，在榫头的另一面敲个楔子，就等于将它锁住。虽然说从力学的角度解决了这个问题，但是榫头露表面了，相对而言是挺难看的。为了美观，由此就有了第二种做法，两个横杖都做半榫，使腿的表面不露任何破绽，但是从力学的考量来讲，它不结实，因为你没有销子把它固定，古人采取了一种什么方法呢？在隐蔽的地方"上锁"，像这样在腿最隐蔽的地方钻一个洞（图4），和里边的榫头钻通，然后用木头或用竹销给它削进去，这就解决了外边不露榫头又满足力学要求。如果需要拆，就用一个钻头把这个销子投出来，自然就拆开了。

图4　梯子杖锁销

除了以上这两种做法以外，还有第三种。第三种做法是运用走马销，走马销也是运用在下面和横杖上。横杖做成半个燕尾榫，然后腿上的卯眼要做大一点，留住空间来才能从平行的位置插进去，插进去以后然后再往下拍，让榫滑到正确的位置，销住腿的卯眼。

这样既解决了力学问题，正面看又不破坏器物美感的完整度。最后这个横杖卯眼会大一点，留了一个洞，而这个洞处理方法只有用同样的木质把它填上。注意填的时候，考虑到木质的特性，一般要用和腿纹理成纵向的方式去填，也可以最后放入一个楔子。因此最后效果是当人蹲下来时，两个加塞的地方还是容易看到，视觉上有一定损失。

在线课程视频观看

软硬之道

卧具和座具是我们日常生活中接触时间最长,而且是最亲密的两种器具。比如说架子床、围子床、凉床,还有椅子、凳子等。人在上面休息,它们和人长时间接触,那么其接触面的做工和做法就要有慎重的考量。以大量经手和长期的总结中我们可以得出一个结论:

首先座面处理方法分硬面做法和软面做法。在硬面做法中,它一般直接用木头来做,还有一种是在木头上面再贴一层席,我们把它叫作硬席面。

软面做法包含了很多方式,我们常见的有直接串棕的,有串棕铺藤的,有直接绷牛皮的,还有直接把牛皮做成牛筋来穿的,也有用布条来编织的,就像交椅马扎之类,它要用能折叠、耐久的材料,经常折叠不容易损坏。在这两大类中,一般来讲明清传世的软屉家具比硬面做法要早。这个不受材质的限制,包括紫檀、红木,各种其他各地区的材质都是这样做的,包括大漆家具也是一样。但是这种规律在黄花梨制式的家具上是行不通的,传世的明代黄花梨家具的座面大部分都是软席。(图5)

图5 串棕铺藤软席

在传世的古代家具当中，软席一般就是以上这几种做法。除此之外，不管是藏家还是行家，现实中可能很少有人再见过另外的做法。而刘传生先生讲述了一个收藏故事，他有幸见过一件比较独特的东西，至今没有第二例出现：

应该是1996年，在去河北邢台的路上有一个武邑县，县城边上有一个行家，当时接到他一个电话，告知他手上有一只黄花梨的方凳，因为那时候方凳不稀罕，尤其是单只，我也没太在意。回程路过他那里去看了看，发现这方凳超出我的想象。

首先，方凳尺寸不算最大的款，但是有很好的体量感，72厘米见方，在方凳里算大的，也可以叫它禅凳。

第一，除了造型好、做工细以外，它完整度最好，它整个的座面层藤席一点没烂，在我所见过的黄花梨或其他的家具当中，软面的即便没烂，一般也都是后修后改或后换过。经仔细观察这件藤席没有被换过，坐上去就能感知到几百年的时光，手拍在藤面上，声音像敲鼓一般。再仔细考察凳子的各方面的信息，它是明代的物件确定无疑，所以说它的完美度高。

第二，传承几百年体量感也不算小，整器包浆磨得倍儿好，连像火柴棍零头那么大的磕碰都没有。它是我所见过和收藏过的黄花梨家具当中，价值可能不算最高，但是综合评分最高的。我非常高兴看到这东西，想把它买下来，但因为价格的原因转给了香港的古董商蒋念慈。蒋念慈拿到后，一直在自己身边使用，偶然的机会他发现这个方凳的藤面具有非常特殊的制作工艺，有别于所有的常规做法。和一般讲究的藤面做法一样，它下面编了一层棕绳，上面也铺了一层藤席，意想不到的是在中间层多编了一层竹黄层。所谓竹黄就是把竹子的外表皮去掉，把里面嫩肉也去掉，只用最结实最有韧性的二膘这个部分，因此它足足做了三层。所以这张方凳的软面能经受几百年的使用而不坏。蒋念慈先生欣喜若狂，即刻与美国波

在线课程视频观看

士顿博物馆的中国古典家具专家通电话，沟通中国坐具和卧具软席的做法资料，对方从来没听说和见过三种材料叠加的做法，于是当即计划到香港考察方凳。这位专家见到后惊叹不已，对这张方凳给予了非常高的评价，并以高出很多的价格收藏了。最后这张软屉的方凳陈列于美国波士顿艺术博物馆。

从这个方凳的故事我们可以看到，这种独特的软面处理方法和工艺，充分体现了我们中国古代家具物质文化和人民智慧的丰富多彩，博大精深。

壸门

壸门是古代家具中最常用而且非常经典的一种装饰形式。什么叫壸门呢？椅子下面有的人叫卷口，有的人叫圈口，有的人叫牙板，在现实中这一横两竖组成了一个壸门。比如说插屏上的壸门造型，它是一种对称形式，中间往两边分，这种美的方式是中国古代家具制作秉承下来的一种理念和思维惯性。

壸是指皇宫里皇上走的那条御路，指宫内的道路。在宋代李诫所编的《营造法式》中写作"壸门"，是一种佛教建筑中门的型制，也是一种镂空的装饰样式。壸门在家具上的应用非常广泛，拿箱子为例，这个箱子属于一个明代晚期的大漆竹拔丝绘箱，它的底部有一个底座（图6），这里的壸门形态直接影响到辨识器物的年

图6 大漆竹拔丝绘箱壸门

代。这件是明晚期至清早期的器物，清代的底座一般比较高，壸门牙板深度和厚度比较窄；明代一般比较矮，比较厚，视觉上有外涌的感觉。如果这件器物是溜肩的，可见是偏清早期的造型，真正到明早期时壸门是一种往外喷涌的感觉，更为敦厚饱满。

其二是它的开光造型。我们观看壸门开光造型，都以中心点往边上看，越到清代，这种停留部位可能越多，所以说其实壸门的造型跟家具的年代还是有一定的关联。

这是一个明代甚至是更早的披麻披灰的大漆佛龛，（图7）它前面的两个门柱和中间的造型就采用了壸门式的做法，加上外边髹饰的这种黑色的大漆，在庄重内敛的同时不显沉闷，正是因为有壸门的造型而反映出的。所以在古代应用非常普遍，装饰之余也很好地体现了力学的考量，由此被视为经典。

在线课程视频观看

图7　大漆佛龛壸门

横拉杖

这张桌子应该是产于明代,它的盘面非常文气,体量感不大,但有很多亮点,可能跟当年主人的修养有一定的关系。第一,它整体上有文人质朴和内敛的那种劲儿;第二,从工艺上来讲,它每一处做得一丝不苟。这个腿,有宋代那种细瘦的感觉。桌子下面有一层牙条,往里边还有一层牙条,这两层是对应关系,后面的夹板虽然藏在里边,但是从形制到工艺做得一丝不苟,平时人不蹲下看不到的,但是它都做得很细致,这就说明古人制器,是从内到外一点都不含糊;第三点,这个叫"直拉杖"或者叫"横拉杖"(图8)。关于这个拉杖,宋代和宋代以前的家具出现的概率很大。可能出于当时结构制式的需要,这种设计在力学上,需要加一个拉杖,有了它两个腿就会不往外撇了。明代这种制式少,针对需求有其他的制式选择,所以它的出现年代走极端化,一是年代早的家具有横拉杖,比如说到宋代;再就是年代晚的,如清代的家具也有横拉杖。

拉杖这个东西从某种意义上看其实并不好,为什么呢?因为烹饪干活儿时容易撞到人,所以说在这方面,只在宋代和清代流行,所以它赋予了明代家具很多气质。在明代没有这个拉横杖也行,即便有,也转变为用顶牙杖、弓字杖,它们有个变化,加上一点造型

图8 横拉杖

就美了,甚至用个霸王杖往里去,从中心出来起到了拉拽的作用,既不碍事又美。所以说,见到这个拉杖就知道,要么晚要么早。另外,对照这两边的两个横拉杖就是梯子杖,上下两根像上梯子。上文谈到了梯子杖。梯杖截面有方的,有起尖角线的,有上边椭圆下面平面的,同样也有这种椭圆形的,还有正圆等不同的方式。前面讨论过,这个位置就有年代上的讲究,明代的位置一般靠上而清代的靠下,这是相对而言的,差不了几厘米,但是宋代的制式就独特了,要么特别靠上,要么特别靠下,它走极端。所以说当见到横拉杖,要么很上,要么在下的是偏向宋代的制式。如果稍微靠上一点的往往是明代的,稍微往下一点的可能是清代的,这里边都有一定的规律。

在线课程视频观看

图9 大漆书案

大漆批灰、迈步榫、滚杠

这件家具应该叫书案（图9），因为它的造型制式是夹头榫出头的，各个方面反映出来的气息，都对应着古代文人读书写字的状态。这个书案与众不同，首先是造型极简，符合明代家具简约化风格特征。第二，它身上的大漆工艺。要按批灰来讲，分三种灰。这面上是一种灰，桌面上会有摩擦，要求平、耐用，所以在这种情况下，桌面上一般要批稍微细一点儿、坚硬一点儿的砖瓦灰。当然也不是用普通的砖瓦灰，古人很有智慧，他们用几百年老房子上拆下来的砖瓦，因为几百年时间使它们的物理状态相对稳定，做出来的灰也稳定持久。再讲究的，在里面加入动物的骨头，掺入骨灰就可以更结实。其中最考究的就是加入鹿角，批了鹿角灰参入的漆后，一般的刀砍下去，刀崩了，灰面没事，坚硬的很，那种做法当时只有皇家才能做到，普通百姓做不了。所以桌面的大漆工艺一般都采用这三种：砖瓦灰、骨灰或者鹿角灰。底部呢，一般要用朱红漆批草木灰，就是农村做饭炒菜的大锅下烧着的灰，为什么要用它呢？草木灰本身是碱性的，家具的下边和上面做法不同，上面的要平和耐用，下面要防潮。遇到阴雨连绵的天气，家具可以把地面吐上来的潮气吸到下面的漆灰中。这个灰层本身要形成一个囊，它能把潮气含住，不让它再往上渗透进木头里。到天气好了，秋高气爽的时候，它要把含住的水汽再吐出来，稍微平衡周围湿度，由此就形成了一个保护作用。所以说家具底面批灰一定要采用碱性的、活态的、能吸能吐的批灰做法，而且下面的草木灰一般都批得比较厚。

第二，这是一张比较素的案子，没有装饰性的雕刻。如果是一个有雕饰的案子，在正面或叫做看面上，有一个云头或雕一颗灵芝，本来在木头上雕得很好，一刀出来，那种感觉恰到好处，那种艺术状态都在了。但如果批灰太厚了，形态都压在里边，把那种艺术和美感完全给淹没了。所以为了防止这样的误差，一般就批一层薄薄的、普通的灰。这样和整体既协调、有呼应关系，又能兼顾美感，所以一般的批灰要这样考虑着去做。回头再看这个素案的批灰，基本都是很讲究的，不管是上面还是侧面，它的厚度都是一样的，这是它的第二大特点。

这个案子有些大家很难发现的特点，最难关注到的是内在的榫卯结构。我们看这个案子这么简洁，就四条腿顶着桌面，牙板又很小，为什么几百年后它仍然保存完好，可以说是不缺不烂？首先我们要承认应该得益于有批灰把它包住了，起到了保护作用。还有一个呢，就是它的结构和细节的处理。为什么呢？我们来分析这些结构。腿和案面相接，这儿是插肩榫的做法，接着束腰，里面设置了一个很强的结构方式。外面看不出，其实，这里的插肩榫顶得非常高，穿过束腰直到面框大边上。而且顶入大边上的可能最少有两个榫头，一高一低，这叫"迈步榫"。低的含在里面，高的可以出明榫，明榫对向上出到座面披个楔子就紧了，由于它有批灰，也掩盖住了，这就不影响看面的美观。这样一来，结构设计的严密性、力道就很好，里面的力道只有贯穿到不同的层面，接受不同部件的牵扯力才结实。这是我们按照榫卯结构的规律去推测的。

除此之外还有一个最明显的特征就是这个牙板，一般的牙板都是高的，这里的却很矮。这个的目的是为了配合这个案子所散发出的简约气息，如果这儿牙板做高了就不美了，同时这样也区别于其他的案子，很有特色。难点在于它既想保持特色，又想有力学的考量，那怎么办？虽然这个牙板看面矮，但里面做得很厚，一般的人家做牙板就按着一厘米多下料，这里足有3—4厘米，这样就结实。再者，牙板凸出来的感觉，特有力度，这种造型凡是在明代和清早期制作的家具上，尤其一些官箱、底座上常能见到，矮但是有那种肥劲儿，还有那种滚出来的感觉，涌出来的力道，这就是明代和清代早期这类造型追求的一种风格特点所在，这种风格形式被定义为"滚杠"。因此，拿官箱举例，一般见到"滚杠"的做法，那么这件东西明代的气息就足；如果是高、薄、立的那种，就往往有点山间竹笋假大空的感觉，而这个书案最好的特征也在这里。

在线课程视频观看

立帮子母屉、抱住腿

这是件很特别的榻（图10），首先关注这个大边。这种大边的形式我们称为"立帮子母屉"。为什么叫立帮子母屉呢？一般来讲，作为大边是"看面"小"平面"大，它反来了，平面小看面比较高，这叫立帮。这儿有子母两幅框，外边有一圈整器连接的框，里边还有一个是活络的，这个能拿下来，这么设计是为了如果席坏了的时候，上面席面可以拿下来重新去编织修理，考虑到了后边一系列的保养保修工作。

图10　立帮子母屉大榻

你看这个腿，这叫"抱柱腿"（图11）。它的奇妙在于腿整体造型中包含了另外几种典型的样式，是综合创造而成的形态。它外侧是一个比较直的马蹄腿造型，里边的弧形比较大，有香蕉腿的造型特点，整体介于马蹄腿和香蕉腿之间的一种再创造。不仅如此，为了达到美感和力学的不冲突，又在腿底部加入了抱珠，最后在抱珠的基础上，里边留了一根柱，这种柱子的做法我们称"抱柱"，由此就定性为抱柱腿。这样一来家具腿足在形态上就具备多种意象，从力学的角度上做到了立柱值千金，而且处处都师出有名。中国家具的这些部位正是经过这么多综合考量才能保持如此状态，好

图11　抱柱腿

几百年都不坏，这种设计确是美学和力学的有机结合。就以床榻腿来说，这件家具可谓是佼佼者之一，存世的很少。

　　对应抱柱脚，上接的牙板为滚杠式。不高，比立帮矮，但是厚度很厚，涌出来的厉害，这种做法同样是出于力学和美学的考量，从力学角度来讲，厚了就结实；从美学角度来讲，如果牙板过高，处理不好就显得蠢笨了，于是这里使劲往下减，只有拿捏到位，那种险和巧的感觉出来，才能实现视觉上的舒适。这种在力学和美学方面极致考量的这种理念，和这种出手做法都定格在明晚期和清早时，再晚了就很少出现了。

在线课程视频观看

展腿

　　这是一件很特殊的家具（图12）。从这个如意壶门的造型中，元代那种奔放豪气和游牧民族胸怀草原的那个气度都突显出来了。对年代风格的考量有多个因素，此处我们不细数，这里举出几个家具上反映出的典型特征。首先是开光。凡是开放的、大弧形的、有别于接近90°的或者是小角的那个做法，一般的年代都较早。另外呢，这些开光加花叶形成团花的年份也早。这些方胜纹、盘缠纹的样式，表明它接近于元代。这类型雕刻的纹饰图案在南京明孝陵里的砖雕上出现得比较多。明孝陵始建于明洪武十四年（1381年），至明永乐三年（1405年）建成。所以说这些风格和特征都能反映出它属于年份比较早的。更有力的信息是这三个开光内的彩画。彩画里黑、红、白三色的运用，在好多元代的墓葬、辽代的墓室壁画里边经常出现。另外，绘画中这几个人物的风格，其中有一个人物清晰可见，戴的帽子是元代人的高帽式样。因此，我们从用色、风格到反映的题材内容能判断它和元代有一定的关系。结合这些豪放粗犷的做法，综合各方面分析，推断这是一个有说服力的元代供桌。作为难得的早期资料，能保存到现在非常不容易。确定它为元代风格，就能以此说明明代家具一种样式的来由，那就是"展腿"（图12）。这件供桌的桌面就运用"展腿"，即桌面和牙板都扩出来。在存世的黄花梨家具制式中，后来有根据"展腿"做的方桌，尤其有些小条桌。有的上面一个展腿出来，桌面里边藏着4根腿，这4根腿有的是连着的，一木到地。有的足底不直接到地，下边还生出两个瓶一样的圆墩，形成过渡。但实际那不是瓶，而是大蒜头，俗称蒜疙瘩。在各种设计中，这个腿有的能拔下，拔下来后就为炕桌用，放上去当高桌用，像这样一体的更普遍。所以我们可以认识到，其实那些明式样式都是在这些早期元代风格家具制式的基础上演变而来的。

图12　展腿供桌

在线课程视频观看

喷面

  这件家具与文人生活有关，先说桌上的这个屏，从造型制式看，凡是这种横屏卧式、上下连体结构的制式都比较早。因为在屏的范畴里，横屏卧式这种表现形式，有上下连体和上下插装两种不同的结构。一般连体的年份或许会早一些。这是其一。其二呢，从屏的设计来看，既要显示出文人那种雄才大略，还要保持简素，但不能显得寒酸，正是两项兼顾，这种矛盾才造就这件屏的风格。你看外边框一个浑圆的边，里面打一个"洼"，节奏上很缓很慢很舒服。再往里边，再加一个子框。子母框，这个子框比母框更大，这样做的目的是为了保护这块石头。在古代屏芯是一个屏的重中之重。采一块或者是寻一块如意的石头不容易，而这块石屏芯很有画意，山水相连雾蒙蒙，一叶小舟行驶其中，略有《赤壁赋》的意象。为了把它保护好展示好，作者做足了文章。子母双框从意识上让人就感觉珍贵，双框在受到外来冲击力的时候，能够有一个缓冲的作用。这说明古人设计精心而周到。其三，屏座采用抱鼓式的做法，表达得很抽象，是找整体的感觉。不同于明代中期以后的那种硕大的写实效果，这里采取以象征性的手法统一于侧面底座中，整体简约，在细节过渡上讲求浑然一体、一气呵成、有力道。从设计上来讲，塑造简素而有力，从整体制式到局部细节处理，都恰到好处，比较和谐。这样的东西往往具有特别强大的气场，从远处看，绝对是一个视觉中心点。从这样的气场，我们可以想到，它昔日的主人是怎样的人，能塑造出这样的格调，一定是一个大文豪，可能他的才气要远远超过他当时的官职，才会在简素的外表下潜藏着这么大的气场。

  图13这张桌子和文人关系密切。我们在宋代或者五代的一些画里能看到它。它常常出现在文人雅集中，或大家斗茶，或把玩一些古玩之类。总的来讲，文人聚集的场合都少不了这种制式的桌子。这种桌子最大的特点就是什么呢？宽大先不说，它有一个大喷面，为什么要做成大喷面？就是因为这样容易使人贴近，能近身。你在

图13 大喷面顶牙杖方桌

在线课程视频观看

把玩完器物的时候，桌子和人的关系要适中，你才得心应手。包括有时在户外为烹茶做准备工作的时候，也用这样的桌子，在宋画家具中可以找到它的身影。

顶牙杖

上图这张桌子的名称不一定确定，可以说是一张画桌，或是一张供桌，从宋代和五代的画中可知或许它是当时文人生活经常使用的一种器具。唐代应该不可能，因为唐代还处于低矮装家具和高型家具并用的时期。中国家具从低矮到高型的转变是从魏晋南北朝时期慢慢演变过来，高型家具日益成熟，到了宋代，框架结构的家具体系才得以完善，高型家具形制才完善。所以可以推断，这个制式最常用的是五代和宋代。制式造型是那个时候的，但这件东西其实是明代制作的。因为从整体朱漆开片的感觉，桌面边缘滚出来厚重、浑浊的冰盘沿，它们都突显的是明代气息。尤其下边壮硕的腿和顶牙杖，这种弧形的躬杖规范地说它不叫罗锅杖，也不叫躬字杖，因为躬字杖是那种不顶着上面牙板的，这样直接都顶在牙板上

图14 顶牙杖

的,是顶牙杖(图14),他们之间有这种区别。此处的顶牙杖,曲度线条表现得很随意而又力道十足,尤其他粗细度的把控,单独看觉着粗、突兀,但当站远一点,整体地看,能感受到它散发出的壮怀和劲头,此时会发现它的尺度特别适中。同类型的器物存世量很少,最主要的价值是它可以作为研究宋元时期家具文化非常好的例子,是难得的实物依据。据刘传生先生介绍,这张桌子出自山西晋城地区,同种制式出现了五张,两大三小,这是其中比较完美的一张,其他的现在可能已经散落在世界各地了。

剑腿

这里腿的做法叫剑腿(图15),与上面插肩榫,整体形成了一个宝剑的形式,插向地面。明代中后期也有这种剑腿做法,好的宝剑腿形制作得非常精彩,真正做出了直插入地的感觉,突显出力度和仪式感。由于这张桌子体量感大,腿足处支撑力要强,追求的则不是那种锐度,反而显得有点肥壮的感觉。

图15 剑腿

明式家具赏析

停留

腿足底部有的设计踩一个莲瓣,这个没踩,但特意以两边外翻收口,表达了一种呼应,这种过渡关系应该最早是从古希腊、印度传过来的,推测与忍冬纹相关,或是在此的基础上有所发挥变形而来,在后来的演化过程中,人们观念中发生变化,淡化了原来的涵义,融入当地习俗,后来就叫做"停留",现在家具行业中俗语也叫"停留"(图16),表达一种变化中的形态轮廓停顿了一下再继续。

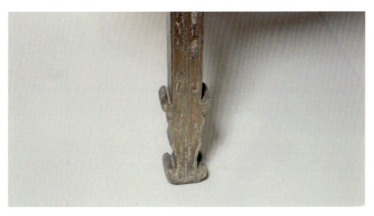

图16　停留

思考题:

· 观察日常生活中出现的家具制作俗语。
· 讨论如何形成家具俗语以及对设计的影响。
· 从家具设计的角度看这些制作俗语对当代设计的意义。
· 尝试将某些家具俗语应用到自己的设计中。

后记

中国家具是不断演变发展的，经典之所以是精华，意味着它从古代一路走来，能与我们对话，而且一起前行。作为中国家具设计者和中国当代生活美学的营造者，我们需要站在中国古典家具文化的土壤上，好好地学习它，深入地了解它，形成系统和正态的认知，掌握其中的技巧和智慧，以追求美好生活的实践，更好地致敬经典和塑造未来。

教材是课程的重要组成部分和拓展学习途径的有效方式，这种新形式教材以传统家具传承活化、改革创新为理论依据，革新教学信息技术手段，形成"在线课程""线下线上混合课程""虚拟仿真实验课程""新形式教材"相结合的教学技术框架，从而建立一流的教学资源。运用最新教学技术和多维的教学手段，对类似"中国传统家具史"相关课程进行教学平台核心要素（教学理念、教学内容、教学方法、教学条件）的创新，意在结合中国美术学院的艺术底蕴，打造中国人文家具的智库和活化创新人才的新发源地。

在此特别对参与本课的专家学者表达由衷感谢：周京南、吴明忠、马可乐、［法］Luohan、［美］柯惕斯、刘传生、许建平、许家千、谭向东、邓雪松等。后续还将邀请更多的专家学者参与到课程中，希望大家能继续支持本课程及教材补充完善，一起再接再厉、推陈出新，在传统家具的传承和活化方面发挥更多的作用。

责任编辑　章腊梅
装帧设计　曹向晖　李 文
责任校对　杨轩飞
责任印制　张荣胜

图书在版编目（CIP）数据

明式家具赏析 / 彭喆著. -- 杭州：中国美术学院出版社，2023.2
中国美术学院·国家一流专业·产品设计教材系列　实验性产品设计专业教材 / 王昀主编
ISBN 978-7-5503-2858-7

Ⅰ.①明… Ⅱ.①彭… Ⅲ.①家具－设计－中国－明代－高等学校－教材 Ⅳ.①TS666.204.8

中国版本图书馆CIP数据核字(2022)第254868号

明式家具赏析

彭 喆 著

出 品 人：祝平凡
出版发行：中国美术学院出版社
地　　址：中国·杭州市南山路218号 / 邮政编码：310002
网　　址：http：//www.caapress.com
经　　销：全国新华书店
印　　刷：杭州四色印刷有限公司
版　　次：2023年2月第1版
印　　次：2023年2月第1次印刷
印　　张：26.5
开　　本：787mm×1092mm　1/16
字　　数：200千
印　　数：0001—1500
书　　号：ISBN 978-7-5503-2858-7
定　　价：118.00元